新疆传统村落景观图说

王小冬 著

中国建筑工业出版社

图书在版编目（CIP）数据

新疆传统村落景观图说／王小冬著. —北京：中国
建筑工业出版社，2020.11（2022.3重印）
ISBN 978-7-112-25447-7

Ⅰ.①新… Ⅱ.①王… Ⅲ.①村落－景观设计－新疆－
图集 Ⅳ.①TU986.2-64

中国版本图书馆CIP数据核字（2020）第175471号

　　本书结合习近平总书记在党的十九大报告中提出的乡村振兴战略，在
"一带一路"倡议背景下，分别对新疆传统村落的地形、气候、水文、土
壤、植被等进行分析，讲述当地传统村落景观的发展历程与成果，并辅以大
量的手绘风景画、实景照片描述新疆传统村落景观发展，最后论及新疆传统
村落景观的传承与创新、政策与经济、生态与美育的积极价值导向。本书适
用于建筑历史、园林景观、古村落规划与保护、环境设计等相关领域的专家
学者及有关爱好者阅读参考。

责任编辑：唐　　旭
文字编辑：吴人杰
版式设计：锋尚设计
责任校对：张　　颖

新疆传统村落景观图说

王小冬　著

＊

中国建筑工业出版社出版、发行（北京海淀三里河路9号）
各地新华书店、建筑书店经销
北京锋尚制版有限公司制版
北京中科印刷有限公司印刷

＊

开本：850毫米×1168毫米　1/16　印张：15¾　字数：409千字
2021年1月第一版　2022年3月第二次印刷
定价：78.00元
ISBN 978 - 7 - 112 - 25447 - 7
（36436）

前言

作为中国地域面积最大的省级行政区，新疆具有无比深厚的历史底蕴和十分丰富、重要的人居文化遗产。从最早的玉石之路、张骞凿空西域、丝绸之路的正式开通，到唐代设置西域都护府、蒙元西征、康熙平定准噶尔叛乱、斯文·赫定等人的西北科考，再到新时代的"一带一路"倡议及相关战略的实施，新疆都是一个无论如何都绕不开的关键词。

从历史学、考古学、建筑学、艺术设计学等诸多领域的相关成果可以看出，学界对新疆传统村落人居环境景观的理论与实践研究，取得了许多重要成果。如王小东院士主持设计的乌鲁木齐国际大巴扎蜚声海内外，成为新疆的靓丽名片；李群教授主持设计的吐鲁番吐峪沟生土民居景观规划，获得第十一届全国美展铜奖等。这些成绩的取得，离不开学者、专家的长期努力和不懈追求，更离不开新疆这片神奇的热土，尤其离不开生活在这里的各族民众，经过长期的改造与适应，传承下来的传统村落民居建筑与景观文化。进而言之，通过对已有相关成果的分析和梳理可以发现，刘文锁、阮秋荣等先生主要从考古学维度出发，对不同历史时期新疆各地城市社会发展和城郭营造活动进行了深入探讨，其成果有着重要的实证与资鉴作用；张胜仪、陈震东等先生主要对新疆各地的建筑艺术进行分类搜集与具体分析，有《新疆民居》等论著，在学界有着重要影响。当然，这些研究大多侧重于对少数民族建筑艺术的把握，对汉族民居的研究相对不够深入、全面；王小东、李群、塞尔江·哈力克等先生的研究领域主要集中于维吾尔族传统建筑艺术及其现代表达等，对新疆其他兄弟民族的民居建筑艺术研究相对较少。可以看出，已有研究主要从建筑学相关理论出发，对建筑本体的讨论相对较多，而对传统民居建筑依存的村落景观的发掘相对较少。为此，笔者从乡村振兴视角，申报了《强本固基下维吾尔族传统村落景观整治设计研究》这一课题，并有幸获得教育部人文社科项目立项资助。

在课题研究的整个过程中，主要有以下一些心得体会：

研究范围方面。基于在新疆十多年的工作经历和调研体验，笔者在自我知识结构完善和研究不断推进的过程中，产生了诸多困惑，如新疆是多族群聚居地，如果仍坚持以单一族群传统村落景观文化为研究对象，难免造成研究视野狭隘，研究对象单一，传统村落景观之间难以进行比较分析，最终可能形成伪成果。毕竟，传统村落景观环境整治设计的前提是深入了解其存在的背景、剖析其存在的状态、深谙其存在的意义与价值。这就要求研究在主观上必须认定新疆传统村落景观是一种活态景观，既有继承又有发展，务必深究其景观文化内涵。实际上，任何文化的存在都不是孤立的，而是多元一体的。从新疆人居遗产、现存民居建筑等都可以看出，各个族群的人居环境景观文化具有相互影响、兼收并蓄的特征，只是因地域、环境的不同，其深浅程度有别。基于这一点，笔者再三斟酌，最终确定研究从新疆16个"中国传统村落"入手，进而对其存在场域进行拓展，厘清了具体研究范围，即研究主要聚焦于吐鲁番、昌吉、伊犁、和田、阿克苏、巴州等地区，基本覆盖了新疆主要地域和人居文化特征明显的族群。

研究方法方面。新疆是一个多族群聚居地，地域辽阔，各地的自然地理与人文社会环境差别很大，仅仅依靠田野调查难以有效地开展研究。因此，运用类型学方法和德尔菲问卷调研法就很有必要。本课题为此将传统村落景观分为总体风貌、景观格局、村落边界、节点景观、标志性景观、建筑形制、建筑装饰艺术、公共环境景观、庭院空间景观等类型；根据不同地域、与新疆的具体关系、职业等因素，对受访公众再进行具体分类，通过变量之间的交叉比较，尽可能求得量化实证结果。与此同时，如前所述，新疆传统村落景观是一个大的活体，运用单一学科理论和研究方法难以全面对其分析、阐释。因此，人类学田野调查法就显得十分重要。易言之，只有深入调研、深度体验，才能较为全面合理地诠释新疆传统村落景观存在的历史、背景、特征、价值、意义，才能找出新疆传统村落景观发展深层的问题所在，进而建构科学合理的研究模式。

研究结果方面。首先，将长期的调研资料与理论研究进行梳理，充分认识到新疆传统村落景观不是哪一个地域和族群独有的景观，而是相互交融、兼收并蓄、多元一体的活态文化景观。其次，从艺术文化史维度对新疆传统村落景观文化进行开掘，并且将新疆传统村落民居建筑与景观文化进行定性与定量研究，将生长在天山北麓、具有华夏营造智慧的民居建筑景观尽可能全面准确地呈现给公众，这事实上也是对许多已有研究成果的有效继承和充分拓展。当然，作为传统村落景观文化的专题性研究课题，本书在图像资料上存在一定的欠缺。比如因为新冠疫情原因，原计划进行的第二次田野调查搁浅，造成无人机航拍村落图景的缺失，实为很大的遗憾。

本课题能够顺利开展和最终完成，离不开我的博士生导师、陕西师范大学美术学院陈刚先生的悉心指导，离不开中国建筑工业出版社唐旭主任、吴人杰编辑的认真负责与仔细校对，离不开新疆师范大学美术学院李群教授的长期帮扶与大力支持。在研究过程中，因为疫情等原因，无法前往各地进行尽可能深入的田野调查，新疆昌吉学院曲艺民、张禄平、陆遐等老师，无私地分享了驻村、考察期间积累的珍贵图片资料；新疆伊犁州党委组织部干部郝大坦同志，无私地分享了在那拉提草原驻村期间拍摄的重要图片资料；昌吉州第一中学刘晶老师，在回乡探亲期间，帮助拍摄了大量图片资料；四川师范大学美术学院晏晶晶、赵佳男、张鉴、廖剑、王丹等同学提供了大量景观速写资料，在此一并表示真挚的感谢。因自身能力、精力所限，本研究成果肯定还存在诸多不完善之处，恳请各位方家不吝赐教。谢谢！

目录

绪论

一、研究背景

实施乡村振兴战略，是党的十九大做出的重大决策部署，是决胜全面建成小康社会、全面建设社会主义现代化国家的重大历史任务，是新时代"三农"工作的总抓手。党的十八大以来，在以习近平同志为核心的党中央坚强领导下，我们坚持把解决好"三农"问题作为全党工作重中之重，持续加大加强惠农富农政策力度，扎实推进农业现代化和新农村建设，全面深化农村改革，农业农村发展取得了历史性成就，为党和国家事业全面开创新局面提供了重要支撑。5年来，粮食生产能力跨上新台阶，农业供给侧结构性改革迈出新步伐，农民收入持续增长，农村民生全面改善，脱贫攻坚战取得决定性进展，农村生态文明建设显著加强，农民获得感显著提升，农村社会稳定和谐。农业农村发展取得的重大成就和"三农"工作积累的丰富经验，为实施乡村振兴战略奠定了良好基础。[①]

《新疆维吾尔自治区乡村振兴战略规划》要求加大加强对特色村庄的保护。提出历史文化名村、传统村落、民族特色村庄、特色景观旅游名村等自然历史文化特色资源丰富的村庄，是彰显和传承中华优秀传统文化的重要载体。统筹保护、利用与发展的关系，努力保持村庄的完整性、真实性和延续性。注重保持村庄的整体空间形态与环境，全面保护历史文物古迹、历史建筑、传统民居等传统建筑。传承优秀传统民风民俗和生产生活方式。保护好优秀传统文化遗产，推动优秀文化遗产合理适度利用。在尊重原住居民生活形态和传统风俗的基础上，加快改善村庄基础设施和公共环境，合理利用村庄特色资源，发展特色产业，形成特色资源保护与村庄发展良性互促机制。到2022年，确保50%以上的特色保护类村庄整体风貌、特色民居得到合理保护，到2030年全部特色保护类村庄实现完整保护。[②]

中国传统社会是在乡土社会的基础上发展并壮大，乡土性是其主要特征。传统村落作为乡土社会的重要组成部分，蕴含着丰富的地方文化内涵，具有鲜明的地域特色，传统村落景观已成为反映和构成传统文化多样性的关键要素和形象载体。随着当代社会的飞速发展，农村社会也面临着变革，传统村落的保护与发展也面临着一系列亟待解决的问题。可以说在新时期，协调传统村落的保护、传承和更新，实现传统村落的和谐可持续发展，已成为当务之急，是非常重要的理论问题。

随着国家"一带一路"倡议的广泛和深入开展，西部地区迎来了继改革开

---

① 中共中央国务院关于实施乡村振兴战略的意见［N］. 人民日报，2018-02-05（01）.
② 天山网. 新疆维吾尔自治区乡村振兴战略规划（2018-2022年）［EB/OL］.［2018-11-19］
http://news.ts.cn/system/2018/11/19/035469302.shtml.

放之后的第二次伟大发展机遇。而西部地区有一半以上的人口仍然生活在农村，农业农村农民问题是关系国家民生的根本性问题，如何解决好"三农"问题，对确保实现西部社会稳定和长治久安总目标具有特殊的重要性。没有农业农村的现代化，就没有西部的现代化，没有农村的社会发展与和谐稳定，也就没有西部的社会发展与和谐稳定。人民日益增长的美好生活需要和不平衡不充分的发展之间的矛盾在乡村最为突出。决胜全面建成小康社会和建设社会主义现代化强国，最艰巨最繁重的任务在农村，最广泛最深厚的基础在农村，最大的潜力和后劲也在农村。实施乡村振兴战略，是解决新时代西部地区社会主要矛盾、实现社会稳定和长治久安总目标和"两个一百年"奋斗目标的必然要求，具有重大现实意义和深远历史意义。[①]

二、研究现状

党的十九大报告指出，农业农村农民问题是关系国计民生的根本性问题，必须始终把解决好"三农"问题作为全党工作的重中之重，实施乡村振兴战略。实施乡村振兴战略，是解决新时代我国社会主要矛盾、实现"两个一百年"奋斗目标和中华民族伟大复兴中国梦的必然要求，具有重大现实意义和深远历史意义。[②]新疆是新丝绸之路的中国核心区，位于祖国西北部，对中国乃至整个中亚都具有牵一发而动全身的影响，战略地位十分重要。党的十八大以来，新疆社会稳定和长治久安得到空前重视。当前新疆社会正经历着一个城乡巨变的过程，城镇化和乡村振兴问题受到学界的广泛关注。

（一）国外研究现状

美国人类学家罗伯特·雷德菲尔德（Robert Redfield）在《农村社会与文化》一书中提出在现代文明中，城市是"大传统"，农村是"小传统"，并且随着文明的发展，农村会不可避免地被城市所"蚕食"和"同化"。[③]之后保罗·奥利弗（Paul Oliver）在著作《房屋与社会》中提出了被人忽视的乡土建筑不仅是当地，而且还是其他地区建筑设计者创作灵感的源泉。

日本东京农业大学教授进士五十八在所著《乡土景观设计手法——向乡村学习的城市环境营造》，将"乡土景观设计"视为"农民的设计""民众的设计"。指出设计应该根据当地的地质、地形、植被、水系水利、气候、地理等诸因素，充分考虑农林渔业等的生产条件，以及民俗、宗教、纪念活动、历史、文化等生活条件，并且由上述诸因素综合形成的可持续发展的地域综合体。

奇普·沙利文（Chip Sullivan）的《庭院与气候》，对于景观设计作出了很重要的贡献。他认为，气候不是先验美学决策的副产品，而是美学设计的基础，并向我们介绍了历史上的景观设计是怎样解决气候的舒适性，使气温更为宜人，同时也使景观本身更加美丽迷人。

英国景观设计师伊恩·麦克哈格（Ian McHarg）的《设计结合自然》，扩展了传统"规划"与"设计"的研究范围，将其提升至生态科学的高度，使之真正向着包含多门综合性学科的方向发展。以丰富的资料、精辟的论断，详细阐述了人与自然环境之间不可分割的依赖关系、大自然演进的规律和人类认识的深化。麦克哈格提出以生态原理进行规划操作和分析的方法，使理论与实践紧密结合。

① 天山网. 新疆维吾尔自治区乡村振兴战略规划（2018—2022年）[EB/OL].［2018-11-19］http：//news.ts.cn/system/2018/11/19/035469302.shtml.
② 中共中央国务院印发《乡村振兴战略规划（2018—2022年）》[N]. 人民日报，2018-09-27（01）.
③ 方李莉. 艺术人类学视野下的新艺术史观——以中国陶瓷史的研究为例 [J]. 民族艺术，2013（03）：50-62.

可以看出，从罗氏的农村社会与文化研究，到保罗的乡土建筑与文化等，都是尊重不同地区文化而进行比较研究，注重对地区性整体共性特征的分析，重视乡村景观中建筑的地位和价值。沙利文、进士五十八、麦克哈格的研究对于我们建设自己家园的时候，从有可能破坏生态环境的价值观念中解脱出来，用尊重自然、珍视乡土的观念作为指导思想，帮助了解如何去保护和建设家园，从而使自己成为家园场域的建设者与传承者，进而让家园与周围环境和谐共生，科学发展。但是，上述学者提出的观点存在一定的缺陷。首先，缺乏对新疆传统村落景观进行系统、综合的考察，不一定完全符合新疆的实际情况。其次，在涉及具体对策时，有主观臆想的成分。再次，对于解决新疆传统村落景观整治问题的方案缺乏针对性、实效性和科学性。

（二）国内研究现状

国内学者梁漱溟、晏阳初、陶行知等对挽救传统乡村文明有着丰富的理论著述与大量实践，涉及乡村景观整治设计的内容比较多，最终却无法改变社会现实，但对以后的研究提供了一定的启示。自20世纪90年代天津大学、西安建筑科技大学、新疆大学研究喀什高台民居以来，关于新疆传统村落和地域民居研究已经有了很长时间的历史，也取得了丰硕的成果。

1. 历史文化领域

对于新疆历史建筑与村落研究，考古学方面取得了重大研究成果。因过去学科设限的缘故，建筑学与设计学等领域对其了解相对较少。中国社会科学院孟凡人的《交河故城形制布局特点研究》一文从考古学视角对交河故城形制布局进行了全面而科学的阐释。作为西域历史建筑研究的丰碑之作，总

结出交河故城形制的主要特点：依托于台地自然地理特点的城建总体规划；城门错位而置，轴线和干道配置独特；总体形制布局带状展布，区划块状分割；街道交通系统条块结合，出现"环岛"；择中立衙，官方建筑集中配置；以高墙院落为基本建筑单元；寺庙广布，集中与分散配置有定；墓葬区是交河故城现存形制布局的组成部分；巧妙的对称、鸟瞰和对景布局艺术及该城总体布局艺术的美学特点；形制布局中寓有较完整的防御体系；交河故城现存形制布局的时代和性质等主要特征。不难看出，该研究对交河故城的考古学研究思维与方式，对于研究传统村落景观与民居建筑具有重要的指导意义和实践价值。

朱贺琴《维吾尔族民居建筑中的文化生态》一文认为，在维吾尔族民居建筑中，从适居到宜居的环境营造、宜居到安居的材料选择、安居到乐居的布局规划、乐居到美居的装饰情趣，当地民众把建筑改造成顺应自然、适应生产、满足生活的栖息之所，并把生态文脉、生态取向、生态理念、生态情趣融入其中，最终获得历史与现代的价值融合。[1]

孙志红、陈玉路、李雅莉等撰文《点亮"文化自信"之灯吹响"文化振兴"号角——新疆吐鲁番地区乡村民俗文化振兴与乡村振兴调研分析》，以吐鲁番的三个民俗文化核心价值较高的村落为研究对象，从村落整体和村落村民两个角度，选用SEM模型探究了村民文化自知、文化自信、文化振兴与乡村振兴之间的关系。通过调研与走访发现该地区村民文化水平较低。文化自知程度不高、文化自信不足、村落文化振兴项目较少、层次较低，针对现存的问题作者提出了加强文化教育，提高文化认同；彰显文化魅力，点亮"文化自信"之灯；借鉴先进经验，多样化与保护性开发并重；提高村民参与，吹响"文化振兴"号角等建议。[2]

① 朱贺琴. 维吾尔族民居建筑中的文化生态 [J]. 新疆社会科学, 2010 (02): 104-108.
② 孙志红, 陈玉路, 李雅莉. 点亮"文化自信"之灯吹响"文化振兴"号角——新疆吐鲁番地区乡村民俗文化振兴与乡村振兴调研分析 [J]. 新疆社会科学, 2018 (05): 134-141.

申艳冬在《喀什维吾尔民居装饰艺术呈现的文化因子探析》一文中认为，新疆喀什是维吾尔族主要聚居区之一，地处中亚地域的中心，其维吾尔民居装饰艺术在多种历史文化的相互碰撞与积淀中，逐渐形成了喀什地区特有的民居文化。文章主要从历史成因、文化因素及传承价值等方面探讨了以喀什维吾尔民居装饰艺术为载体的中西文化交流以及这种文化背景下所呈现的文化因素。

阿比古丽·尼亚孜、苏航撰文《喀什老城维吾尔族传统民居空间结构的社会文化分析》，通过对喀什老城维吾尔族传统民居的空间结构与功能的分析，研究发现空间结构特征反映出城市空间"内向生长"，与家屋空间"外向生长"的矛盾统一性，及公共空间与私人空间分立与交融的矛盾统一性。前者是喀什老城社会经济资源稀缺性与传统联合型大家庭形态交互作用的结果，后者则是维吾尔族居民生活中私密性原则与公共性原则并重的体现。指出喀什老城民居通过家屋空间向公共空间外溢，将公共空间引入家屋内部，形成公共空间与私人空间的二分格局等空间构建方式，使互相矛盾的社会因素彼此协调，为良好社会关系的塑造创造了空间基础。[①]

李娜博士从现代化进程和城镇化变迁的双重视角指出维吾尔族传统村落文化的发展变化具有多元性，其变迁的关键在于将国家推动的"指导性和引导性"变迁转向当地的"主动性"变迁，这样才能使文化发展变迁获得内生力量。

可以看出，因新疆地域辽阔、历史悠久，历史文化的外延比较宽泛，众多学者的研究成果也时常涉及社会学与人类学相关知识。以上学者的研究，基本以地域历史文化为大背景，结合自身专业特长和学术兴趣而开展了大量的研究，对于开拓和弘扬从历史文化视角对新疆地域建筑文化的研究有着重要意义。

2. 建筑学领域

依据相关文献，新疆建筑师张胜仪较早地将地域建筑设计实践与理论研究相结合，并注重对地域建筑进行调研，寻求设计灵感。先后编著出版《房屋建筑设计之一——建筑设计》；合作出版《新疆维吾尔建筑装饰图案资料》《新疆维吾尔建筑装饰》；应同济大学邀请，参编《中国民族建筑》，以及《古建筑游览指南》中的"新疆篇"、《新疆民居》《中国民居》的"维吾尔族民居篇"等；将几十年来搜集的资料整理撰写成《新疆传统建筑艺术》专著。可以说张胜仪是将新疆地域建筑推向全国，让学界和社会广泛了解和认识新疆民居建筑的重要专家之一，尽管著作中大量以图片和描述性介绍为主，仍然为全国各地学者研究新疆民居建筑做了重要资料性铺垫和方向性引领。

陈震东编著的《中国民居建筑丛书——新疆民居》，记录了其几十年来致力于新疆民居的研究、考察和测量工作的成果，对新疆民居的历史沿革、建筑

---

① 阿比古丽·尼亚孜，苏航. 喀什老城维吾尔族传统民居空间结构的社会文化分析 [J]. 云南民族大学学报（哲学社会科学版），2017，34（03）：57-64.

形态、布局特征、独特的地域文化特征都有深入的研究。尤其是能够在大量实地调研、测绘、分析、设计实践等大量积累，深入研究民居建筑的前提下，对传统民居与村落景观风貌的关系、传承与保护、传承与发展等问题提出了相应的可行性建议，对于多维度综合研究村落民居建筑起到了示范引领作用。

最重要的代表人物是中国工程院王小东院士，长期在新疆从事少数民族地域建筑的创作和理论研究工作，其多项设计获得省部级建筑设计奖。主要建筑设计作品有乌鲁木齐烈士陵园、库车龟兹宾馆、新疆友谊宾馆三号楼、新疆昆仑宾馆新楼、新疆人民会堂方案设计、乌鲁木齐新疆国际大巴扎、新疆博物馆、新疆地质博物馆、北京中华民族园新疆景区、喀什吐曼河综合体、和田玉都国际大巴扎、乌鲁木齐团结剧场等。在建筑与城市理论研究方面，完成了《喀什老城区抗震及风貌保护的研究》《乌鲁木齐城市特色研究》《乌鲁木齐城市住宅美化研究》《喀什阿霍街区抗震改造及风貌保护的研究与设计》《喀什高台民居的抗震与风貌保护研究》等。出版有《伊斯兰建筑史图典》《西部建筑行脚》《中国古建文化之旅——新疆》《建筑微言》《绘读新疆民居》《喀什高台民居》等著作，在学术刊物上发表论文数十篇。2005年获国际建筑师协会"罗伯特·马修奖"（改善人类居住环境奖）。2007年获我国最高的建筑创作奖"梁思成建筑奖"。王小东院士通过对喀什噶尔老城改造与更新的回顾，发现不能忽视现状环境和人文变迁，提出要在适应社会发展的同时，保留和重构城市整体风貌，使特色得以传承，风貌得以重塑。

中国工程院常青院士在博士论文《西域文明与华夏建筑的变迁》中对西域建筑文化圈进行了界定，从西域与华夏建筑文化的关系，西域佛教建筑的转型与涵化，西域与东西方砖石拱顶之间的关系，西域伊斯兰教建筑的变迁（突厥列朝时期），西域伊斯兰教建筑的变迁（蒙元时期），新疆维吾尔伊斯兰教建筑（和加时期）探骊等方面，详实而又不失综合地追溯了西域地区建筑演化的文脉关系，探究了西域与祖国内地建筑变迁的异质联系，进而以丝绸之路的兴衰为线索，对东西方建筑文化在时空中的接触、交流与涵化过程进行了深入论证，对后续学界研究新疆地域建筑起到了积极引导作用。该论著出版后，对学界研究地域建筑与传统文脉的传承开拓了新的视野，起到了建筑史学博士论文研究范式的作用。

乌布里·买买提艾力的博士学位论文《丝绸之路新疆段建筑研究》，选择典型古代城址和文物建筑以及其附带的历史信息、空间布局、建筑特征、技术特点，采用对比分析的方法，配合文献，研读西域建筑文化的创造性、传承性、延续性及演变过程，阐释其空间布局特征与城市文化，分析佛教的传入对古代西域社会文化产生重大影响，包括对塔里木盆地建筑特征的影响，致使丝绸之路新疆段城市建筑趋向多样化及程式化，产生了佛寺、石窟、佛塔建筑，延续了犍陀罗文化中的希腊和罗马的艺术手法，以及建筑构思、材料选择、色彩调配、纹饰绘画等。10世纪中叶，伊斯兰教取代了佛教成为主流宗教，推动了建筑文化又一次转型，形成了清真寺、麻扎等多元文化的建筑格局并更加细致规范。论文重点阐述丝绸之路新疆段建筑文化的多样特征及关联性，并描述塔里木盆地地区的建筑纹饰渊源、发展过程和传承特征。[①]

宋辉的《喀什民居的生态适应性》一文认为，近年来生态环境的恶化，使得人们越来越重视建筑的能耗问题，而我国至今保留着大批具有高效、节能、生态等特点的传统民居，其间的先进经验为今后建筑的可持续发展提供了方向。喀什民居不仅在

---

① 乌布里·买买提艾力. 丝绸之路新疆段建筑研究 [D]. 北京：清华大学，2013：4.

地区的适应性上表现出其生命力，也在生态建筑技术方面具有一整套科学的、地方的技术经验，且至今仍被广泛应用。这些技术和经验使得传统民居可持续的发展，为现代建筑设计提供了"雏形"元素，也为地域性建筑创作和城市风貌的塑造提供了一种新的阐述。

常鸿飞的硕士学位论文《基于BIM模式下的新疆维吾尔民居营建研究》提出，新疆维吾尔民居是人们对大自然适应的产物，不管是从实用性、学术性和审美角度去观察它，都表现出令人震撼的价值意义。然而人们对它的建造手法仍然停留在传统的营建方式上，使之无法满足人们日益增长的物质和精神文明需求。在科技日益革新的今天，BIM技术在建筑业已经广泛普及并大量有效地使用，如同建筑业的一次革命。如何能利用新技术、新材料、新工艺等来辅助新疆维吾尔民居进行基因级的传承和演变是一个亟待解决的课题，作者通过对新疆维吾尔民居四大地区的实地调研，归纳出新疆维吾尔民居的共性和个性，基于BIM模式下利用新技术整合各地的传统营建方式，建立健全并探索新疆维吾尔民居当代的营建方式和规划，并搭建基础数据库雏形来给新疆民居的传承和演变做出初级探索。他认为在BIM模式下，设计营造新疆民居建筑，具有工期缩短，总造价减少，详细记录营建流程等优势，如果加以好好利用，可以给新疆民居建筑带来很多实质性的帮助。[1]该研究较为系统地阐释出将BIM技术应用于新疆民居传承与保护实践，对于维吾尔传统村落景观整治设计同样具有学科前沿的参考与借鉴价值。

可以看出，以上学者的研究成果主要集中于建筑学领域。既能够深耕新疆地域传统民居建筑，还能够将地域民居建筑与人居环境科学相关理论有效结合，推陈出新，更能够与BIM等建筑前沿科技结合，将新疆地域建筑从本土化、地域化，向宜居化、现代化、精细化发展。

3. 设计学领域

率先以装饰艺术为切入点，设计拓展为主要路径进行新疆民居建筑装饰艺术研究的学者要首推李安宁。逾半个世纪以来，他在严谨治学、培养人才的同时，致力于新疆民族民间艺术的发掘与研究。曾出版《新疆维吾尔建筑装饰图案集》《维吾尔建筑装饰纹样》《新疆建筑装饰艺术》《新疆民族民间美术》《新疆民族民间美术（第二辑）》等著作。主持完成《新疆民族民间美术研究》和《西部人文资源环境基础数据库"新疆民间工艺"子课题》等科研项目。其相关研究对新疆乃至全国学者的审美意识提升和学术成长之路都起着举足轻重的作用。

2000年以来，新疆师范大学李群在新疆生土民居调查研究与再生设计方面取得了重大成绩。他的著作《新疆生土民居》着眼于新疆生土民居的未来规划，以全新的生态哲学观点为指导，重视实地考察所获得的第一手资料，立在

探讨生土构成的特性、组成和建构方法，认真梳理生土建筑构成的技巧，借助生土建筑历史对相关文化问题进行深入的思考，对生土建筑类型做出符合实际的系统总结。该论著结构严谨缜密、分析深入细致，反映了当地居民对西域土地的眷念，其中某些篇章不乏美学的诗意徜徉。总体来说，该著作具有学术性、实用性、审美性相融合的特点。经过10余年的研究实践，以李群、闫飞、李文浩、姜丹等学者为代表的"生土建筑与传统村落课题"研究团队，跋山涉水数万里，走访了吐鲁番、喀什、库车、和田等地，运用建筑学、民俗学、社会学、生态学、设计学等交叉综合手法，对传统村落与民居建筑进行了大量的实地勘测与资料收集，并以此为研究基础，从优化生态环境和汲取民族文化入手，认真总结民间生土建筑构成经验，同时以生土民居改造为目的，以及从历史性的视角重新梳理生土建筑类型，进而结出累累硕果。如团队作品《鄯善县麻扎阿勒迪村生土建筑景观规划》获全国美展铜奖，其成功之处主要为在进行规划设计实践时，明确生土民居建筑是生态可持续发展的绿色环保建筑，代表着新丝绸之路核心区典型的土性文化，承载着人类物质文化和精神文化的传统文脉，必须将人—建筑—环境—思想进行综合研究设计，进而达到客观存在与主体精神的有效契合。

李勇的《新疆维吾尔族民居装饰艺术》一文认为，新疆的维吾尔族民居建筑形状各异，样式繁多，各具风格，其建筑装饰是根据本民族的特点、生活习俗、自然环境以及材料来源，经过千百年的演化而形成的，是由新疆独特的自然地理环境、社会人文环境及各世居少数民族的民族历史、民族文化、民族宗教等诸多因素相互作用而形成的，表现出鲜明的民族个性，形成了维吾尔族独特的传统和风格。[①]

李文浩的《清代以来东疆地区汉民居聚落文化的形成及其影响》一文认为，汉族是最早定居新疆的民族之一。特别自清代开始至新中国成立以来，因政府组织屯垦戍边，支援边疆建设，或处于避灾、经商、谋生等目的，自行迁来这一地区的居民连续不断，这些外地迁来的居民不仅带来了他们的农业生产方式、生活习俗，而且带来了他们在原住地修建居屋的习惯，逐渐形成了以汉族为主的民居聚落文化中心，在同当地各民族的长期交往中，互相交融、互相影响，形成了独具特色的新疆汉文化。[②]

闫飞的《新疆维吾尔族传统聚落地域性人文价值研究》一文认为，当前维吾尔族人居聚落"空间"模式已跨越了单纯的建筑功能划分，呈现出当地民族人居文化的演进，是区域性经济、文化、社会、心理等各类因子的综合体现。

① 李勇. 新疆维吾尔族民居装饰艺术 [J]. 民族艺术研究, 2008 (05): 70-74.
② 李文浩. 清代以来东疆地区汉民居聚落文化的形成及其影响 [J]. 甘肃社会科学, 2012 (02): 190-193.

新疆维吾尔族传统聚落作为当地民族民间乡土文化的载体，受到所处地区人文环境的隐性作用，发挥着特有的传承功能和文化记忆功能。以新疆维吾尔族聚居的乡村聚落为研究对象，从建筑、装饰、民族信仰、宗教伦理等层面，对其地域性的人文价值进行探讨，从而反映其社会文化、精神归宿、情感依托等文化内涵，为整合本土文化资源、挖掘艺术潜力，促进社会经济发展，提供一定的借鉴。

肖锟的《新疆"阿依旺赛来"民居建筑的营造技术及文化特征》一文认为，新疆和田地区"阿依旺赛来"传统民居是典型的绿洲建筑文化。其构建形态壮丽美观，而且在建筑空间布局、建筑营造技艺、建筑装饰图式上均为居住者营造了舒适的空间环境，并在此基础上，利用建筑艺术处理以及细部装饰体现了民族特性、历史、文化、宗教和习俗等。

姜丹在教育部人文社科项目《新疆和田河流域传统村镇聚落形态演化研究》的基础上提出，新疆南疆地区民族传统聚落在以绿洲为基本生存场所的人地关系演化进程中，始终保留着乡土、淳朴的人居生态观和价值观，是聚居方式、家庭组织、宗教意识多元化与异质化的结果。聚落系统所蕴含的适地适生的聚落布局模式、空间组织、建筑结构及生态建造方式，折射出人与人、人与社会、人与自然关系的人居意识形态。

可以看出，以新疆艺术学院和新疆师范大学为主的研究团队，从艺术与设计视角对新疆地域民居建筑与装饰艺术的设计，既是对其他研究领域的重要补充，也是证明艺术设计在广大民众生产生活各个方面的重要作用，更是提高华夏大地各个地区、各个族群民众审美能力的重要实施路径与根本保证。从李群教授团队的生土民居保护与传承的优秀案例可以看出，设计学完全可以完成地域景观建筑的设计与营造，而不是作为建筑

设计的补充而存在。

4. 风景园林学领域

西安建筑科技大学王军主持的国家自然科学基金项目《地域资源约束下的西北干旱区村镇聚落营造模式研究》对新疆干旱区聚落景观进行了大量的研究，其团队做出了大量研究成果，如《水资源约束下的乡土聚落景观营造策略研究——以新疆乡土聚落为例》《地域资源视角下新疆乡土聚落营造体系类型研究》《干旱区气候环境下的乡土景观设计对策研究——以吐鲁番麻扎村和于田县老城区为例》《人地关系视角的绿洲乡土景观模式研究——以鄯善县麻扎村为例》等学位论文对新疆传统村落与民居建筑进行了大量调研，在大人居环境科学概念的系统指导下，从风景园林学视角进行分门别类又高度综合的科学研究。从人居环境科学出发，以归纳绿洲乡土景观的模式语言，揭示绿洲乡土景观的作用机理为目标，借助外部学科视角，通过建立绿洲乡土景观识别指标的方法，从绿洲乡土景观的格局特征、土地利用模式以及营造模式中归纳其模式语言，从绿洲乡土景观的合理性中揭示其作用机理。在作为聚落景观风貌重要组成部分的民居建筑研究方面，用类型学的方法对新疆乡土聚落营造体系进行分析与梳理，对聚落营造体系的研究从地域资源视角出发，通过对不同类型乡土聚落营造体系的比较性研究，总结地域资源与聚落营造之间的相互关系，进而指导在今后的聚落营造中如何合理地利用地域资源，将资源的利用效益最大化，从而完成新疆乡土聚落营造体系类型研究。[①]

郭志静和孟福利合撰《吐鲁番麻扎村葡萄晾房的文化景观特征、生态智慧研究》一文认为，吐鲁番生产性晾房作为葡萄文化景观的核心辨识符号，其具有本体及外延的属性，首先生产性建筑特征，并反映地域资源在生态农业实践的使用过程。其次

---

① 王庆庆. 地域资源视角下新疆乡土聚落营造体系类型研究 [D]. 西安：西安建筑科技大学，2011：1.

作为干旱区绿洲农业文化遗产,具有见证西域古代丝绸之路的历史、文化、科技的传播与发展活态建筑样本的功能。文章选取传统葡萄种植区麻扎村进行切片式个案研究,梳理晾房在生态、经济、艺术与美学等方面的特征;从应对气候资源、人地关系协调、建筑单体营建技艺方面凝练出了上晾下居、围居而建、高地通风避晒、低技降耗、用地生态适度调适等模式,为后续相关研究奠定了基础工作。[①]

侯钰荣和安沙舟撰文《塔里木河干流景观格局的时空变化分析》,在运用遥感技术的基础上,从景观格局着手,运用景观生态学的原理和方法,对比分析塔里木河干流断流前、治理前、治理后三个阶段的景观格局。研究得出重要结果,首先是1972年至2000年间,高覆盖度植被和水域面积逐年下降,低覆盖度植被面积增加最快。其次是上、中游农用地有所增加,主要由高覆盖度植被和沼泽演变而来;下游由于河流断流,原有农用地被弃耕,变为荒地。2000年至2006年间景观面积增加最多的是农用地,主要转移来源为沼泽、有林地、灌丛、草地;面积减少量最大的以低覆盖度植被最为典型,主要去向是水域和荒地;斑块数目增加最多的是农用地。再次是从1972年至2006年,整体景观斑块个数和斑块分维数都在增加,说明整体景观的破碎度和整体形状复杂程度在增加。最后是以1972年各景观类型为起点,经过生态治理,景观在某种程度上已经得到恢复,但恢复程度与起点相比还相差很远。[②]

侯爱萍在论文《新疆维吾尔族传统聚落景观及其保护研究——以吐鲁番麻扎村为例》中,以吐鲁番地区麻扎村为研究对象,从宏观、中观及微观三个层面研究麻扎村传统聚落风貌、布局形态、景观特点、建筑形式、符号景观等,提出了以景观基因信息图谱的理论为基础,编制维吾尔聚落景观信息图谱系统,为维吾尔族传统聚落的保护、可持续发展以及地理区位特征的传承性提供借鉴和参考依据。

综上所述,新疆地区是我国西北干旱欠发达地区最具代表性的区域之一,是我国地域面积最大的省区,研究新疆传统村落景观对于传统村落景观整治和乡村治理具有重要意义。上述学者从不同层面都涉及了新疆传统村落景观设计与再生问题,尽管其反映的角度各不相同,亦难能可贵。首先,学者们关注该问题的视角相对单一,大多侧重于历史文化学、设计学、风景园林学、景观生态学等学科领域,对新疆地域建筑与生态景观的生成与影响因素进行分析,而忽视了这一问题背后复杂、多变、动态的综合因素;其次,大多数学者开始运用多学科综合法研究新疆传统村落景观变迁以及未来社会发展走向,以及会出现的问题及应对措

① 郭志静,孟福利. 吐鲁番麻扎村葡萄晾房的文化景观特征、生态智慧研究 [J]. 贵州民族研究,2018,39(04):107-111.
② 侯钰荣,安沙舟. 塔里木河干流景观格局的时空变化分析 [J]. 干旱区资源与环境,2010,24(03):44-50.

施等，但将其上升或者与新疆长治久安问题联系在一起的研究目前有待进一步挖掘和深度探讨。最后，新疆传统村落景观如何跳出单一物质与空间层面的研究，将村落环境、建筑、景观、历史、文化、美育等作为综合统一体，并有效结合社会稳定与长治久安进行系统、全面研究的并不多见。

三、研究的目的与意义

（一）研究的目的

近年来，国内学者在这一研究领域开始逐渐由过去单一层面向多维视角转变，从单一学科逐渐发展到多学科综合分析，这种转变是学术界研究该问题的总体态势。本研究从长治久安视域考察新疆传统村落景观整治，在前人已有的研究基础上，准确把握课题研究动态，通过对新疆传统村落的田野调查，深入剖析现代化进程中民众在劳作模式、生活方式、精神需求等方面的变迁。以新疆传统村落实际发展诉求为落脚点，以乡村景观发展问题为导向，以村民自建为主体，村民全程参与为要求，推行"微介入，低成本，高质量"方法，充分尊重自然、人文环境及乡村发展脉络及特征，梳理资源禀赋，针对稳定与发展问题，推动新疆传统村落走有序、渐进、可持续发展之路，为建构符合新疆社会稳定和长治久安的新疆传统村落景观整治设计出符合新疆地域特色的新模式。

（二）研究的意义

从强本固基视角观照、考察新疆传统村落景观整治，目前在学术界尚属于较为新颖的领域，至今在该领域还未出现具有综合性强、学术价值高的系统性研究成果。为此，本研究将进行全面、综合、系统、深入的探索和研究，对现有的理论不断充实

和完善，以期站在乡村景观整治设计的角度为新疆社会稳定和长治久安提供一定的理论和实践基础。

乡村振兴战略是习近平新时代中国特色社会主义思想的重要组成部分，与应对新时代社会主要矛盾变化以及经济、民生等系列方略有机契合、紧密相关。新疆作为多民族、多宗教、多元文化地区历来受到各种因素的影响，而新疆的稳定又关乎国家战略全局。因此，研究作为强本固基聚合力的新疆传统村落景观整治设计，不仅关系新疆本地区的安全稳定，对于实施新疆乡村振兴战略、城乡风貌整治以及全面建成小康社会和实现伟大中国梦都有重要的战略意义。

振兴是内在活力的激发，是内生动力的培育和发展，不仅包括物质上的脱贫致富、生活基础设施和福利的改良与提升，更有内在凝聚力、创造力的壮大和提升。新疆传统村落景观作为物质环境与非物质文化的统一体，涉及历史记忆、文化认同、情感归属和经过历史积淀的文化创造基础。研究景观整治问题，是实现乡村振兴的一个重要领域，其重要意义还在于活态传承优秀文化，强本固基聚合力，切实维护社会稳定。以村落景观整治设计为契机，针对传统村落优秀文化保留程度不同的村落，提出新疆传统村落景观整治设计共生性建设模式，能更好地为长治久安建设提供智力支持，对全国乡村景观振兴提供新疆智慧。

四、研究的思路与方法

（一）研究的思路

本课题主要目的在于能更彻底、全面地了解新疆传统村落景观整治设计的重要性和紧迫性，分析该问题产生的原因及对新疆社会稳定和长治久安的重大影响。为了能真正解决该问题，本研究从前人以"点"研究勾连成"线"，最后扩展到"面"的研究范围基础上，具体以新疆传统村落景观为研究

对象,需要在田野实践的前提下结合相关成果进行综合思考。从问题导向、理论与实践发展趋势入手,结合国内外相关理论,界定出新疆传统村落景观整治设计的概念、内涵以及影响因素。从目标导向和景观整治设计要素把握入手,对传统村落景观形成背景与现状进行分析,运用多学科交叉综合实践研究法,结合国内外村落景观整治设计相关成果进行研究。

1. 研究的基础。主要阐发研究的背景、基本概念、研究思路、研究方法和田野调查概述等。

2. 现状调查、分析、梳理。通过各个角度考察新疆传统村落景观发展现状,民众生产方式与生活方式变迁对其的影响。主要通过田野调查资料来呈现新疆传统村落所处的环境、民居营建材料、建筑形态、装饰艺术特色、营造技艺、民俗文化等的变迁,再运用相关学科理论进行数据处理、分析、分类、梳理、整合。

3. 理论模式建构。主要目的在于充分了解新疆传统村落景观整治设计对振兴乡村建设的重要价值,最后上升到对新疆稳定和发展的重要意义。因此,本研究需要以多个传统村落为"点",勾连成"面"来考察更广泛的区域,并对重点内容进行分析、梳理,建立村落景观整治设计研究模型,从而在更为全面而深入的实践个案研究基础上形成科学理论。

4. 实践应用研究。通过对天山南北的传统村落进行田野实践,分析新时期新疆传统村落景观整治设计对当地民众基本需求、精神需求和文化需求的影响,提出整治方略,进行设计实践研究。

(二)研究方法

1. 定性研究。本研究明确提出传统村落景观整治是影响新疆繁荣发展的因素之一,对该要素是否具有某种性质,或者确定对新疆社会发展的具体影响进行定性分析。运用历史与逻辑相统一的方法,客观分析新疆传统村落景观文化发展的历史脉络。对新疆传统村落景观文化发展的历史和现实进行理性分析,形成一定的解释框架和原则。

2. 文献研究。通过著作研读和文献检索,查阅并认识已有的相关理论和历史文献资料,对其进行系统性梳理,吸收和消化相关文献和研究成果,借鉴国内外成熟的经验,从而明确合理地界定概念,解析其内涵,把握课题研究的整体性,保证研究具有前瞻性和创新性。

3. 调查研究。采用文化人类学的视野及方法,通过实地考察、参与考察、背景分析等方法,研究各地村民的行为模式,重点分析传统村落景观形成背景、形式、特征,明确传统村落景观变迁的内外因素及趋势。

4. 多学科交叉综合研究。在调查研究基础上,从多学科、多角度分析村落景观发展现状，以研究目标导向和村落景观整治设计要素把握入手，运用社会学、民族学、设计学、建筑学等学科进行交叉综合研究，对新疆传统村落景观整治设计原则、策略、路径等进行理论探讨，科学合理地提出建议和对策，并进行案例实践研究。

五、相关概念界定

（一）新丝绸之路

"新丝绸之路"概念，源自于新丝绸之路倡议。经济学家刘斌夫《中国城市走向》（中国经济出版社2007年版）一书，首次提出作为中国大区域经济新体系之构成的"新丝绸之路体系"。2013年9月7日，习近平在哈萨克斯坦发表演讲，第一次在最为宏观的层面提出建设"丝绸之路经济带"，用新模式建设一条"新丝绸之路"的倡议构想，意味着"新丝绸之路"从学术观点正式上升为国家倡议。"新丝绸之路"概念，在很大程度上与新疆有着千丝万缕的重要联系，因为新疆重要的地理位置，使其很快上升为国家倡议，进而成为国际合作的重要组成部分。[①]在此，在进行具体研究时，可根据实际需要，为"新丝绸之路"确立一个狭义的界定。即根据发展与研究的实际需要，将新丝绸之路理解为丝绸之路中国境内的核心区域（新疆），同时作为对"丝绸之路新疆段"的一种概括。

（二）传统村落

据《三国志·魏志·郑浑传》载："入魏郡界，

村落齐整如一。"唐代张乔《归旧山》诗："昔年山下结茅茨，村落重来野径移。"宋代叶适《题周子实所录》："余久居水心村落，农蓑圃笠，共谈陇亩间。"清代郑燮《山中卧雪呈青崖老人》诗："银沙万里无来迹，犬吠一声村落闲。"朱德《过五指山》诗："车过村落地，老少夹路迎。"南宋张孝祥《刘两府》："某以久不省祖茔，自宣城暂归历阳村落。"《初刻拍案惊奇》卷二十："萧秀才往长洲探亲，经过一个村落人家，只见一伙人聚在一块在那里喧嚷。"鲁迅《伪自由书·中国人的生命圈》："村落市廛，一片瓦砾。"

传统村落，又称古村落，指村落形成较早，拥有较丰富的文化与自然资源，具有一定历史、文化、科学、艺术、经济、社会价值，应予以保护的村落。传统村落中蕴藏着丰富的历史信息和文化景观，是中国农耕文明时代留下的最大遗产。2012年9月，经传统村落保护和发展专家委员会第一次会议决定，将习惯称谓"古村落"改为"传统村落"，以突出其文明价值及传承的意义。传统村落拥有物质形态和非物质形态文化遗产，具有较高的历史、文化、科学、艺术、社会、经济价值的村落。[②]不同于静态、法定的历史文化名村，作为中华文明的基因库，其是动态、行政性的"第三类文化遗产"。同时，传统村落是个环境性和时间性概念，对地域环境具有极大的依赖性和适应性，它必须是保留了较大的历史沿革。即建筑环境、建筑风貌、村落选址未有大变动，充满自然活力、富有浓郁人文情感和乡土民俗文化特质。需要澄清的是，从传统村落的发生学来看，传统村落是由多个传统聚落根据某种规则（如血缘、地缘、业缘关系等）相互聚集而成的较高一级的整体组织机构，是一种"屋社会"。[③]

① ［哈萨克斯坦］古丽娜尔·沙伊梅尔格诺娃. 一带一路合作实现了共赢［N］. 人民日报，2019-03-18（17）.
② 潘洌. 广西传统村落及建筑空间传承与更新研究［D］. 重庆：重庆大学，2018：8-9.
③ 潘洌. 广西传统村落及建筑空间传承与更新研究［D］. 重庆：重庆大学，2018：9.

（三）景观

总体地讲，景观之含义对于不同的学科有着不同视角的解读。历经了多个世纪的发展，景观的最初含义主要关注景观的视觉特性，强调其"如画性"。地理学和景观生态学将其进一步拓展。如在地理学中，景观的含义首先是指一种地理综合体，更多的是指因人的活动而创造的叠加于自然景观之上的人文景观。生态学家把景观定义为生态系统。总的来看，多学科的不同理解使景观内涵从视觉感受向客观认知转变。在视觉美学中，景观即风景，其英文词汇源自德文，而德文又源自荷兰语。原意是陆地上有一些住房，围绕着住房的一片田地和草场以及作为背景的一片原野森林组成的集合。①

景观概念最早出现在希伯来文圣经的《旧约全书》中，原意是表示自然风光、地面形态和风景画面。人们对该概念的理解多从视觉美学方面出发，是一种直观的、综合的感受，即与"风景"的含义相近。地理学中的概念主要从地理综合体到文化景观论。19世纪初，德国地理学创始人洪堡（Humboldt）把景观引入了地理学，提出"景观是由气候、土壤、植被等自然要素以及文化现象组成的地理综合体"。从此形成了作为"自然地理综合体"代名词的景观含义。文化景观论是人文地理学研究的核心内容，其本质是人地关系论。②1925年美国地理学家索尔（Carl Ortwin Sauer）发表《景观形态学》一文，认为"景观"是"附加在自然景观之上的人类活动形态"，提出对自然景观的研究应转入追溯当地文化景观的研究中去。而由于人类对地球表面的空间与环境影响久远，因此几乎所有的景观都已经变成文化景观。他提出景观不可以被简单地认为是某个观察者看到的某个地方的景象；地理学

家看到的景观与风景画的描述是不同的，它是对观察到的系列景观形象的综合；甚至温度、降水、语言等看不到的地理要素，也属于景观的范畴。基于此，索尔认为地理学者对景观研究的主要任务包括详细描述地表的景物，并了解景观所代表的意义；将景观的特征加以归纳成类型，以便建立体系；探讨由原始的自然景观转变成为文化景观，及其文化景观继续演变到目前情况的整个过程。在文化景观论中，由于文化景观是指人类对自然环境改造活动叠加的结果，这种改造受到特定地区自然环境、社会文化、风俗的影响，并在以上要素的不断作用中变化发展，因此具有一定的空间性与地域性，不同地区的文化景观具有明显的差异性。文化景观是地域特色的主要因子，它包含了时间和空间，是人类现在和过去的生动记录，并随时间的变化不断处于动态发展之中，具有地域性、可感知性、历史延续性等特点。③

综上所述，基于景观丰富、综合的概念，我国景观营建相关学科关于景观概念的理解也应不断地扩展，不再仅仅将景观视为"风景"，而是包括了人类生活的空间与环境整体。景观不但包含物质因素如地形地貌、植被、水体、建筑、产业等，也包含了文化象征与精神内涵等非物质要素。景观本质上是一个系统的概念。而那些无视其丰富内涵与多元价值，单纯追求形式与表象的"符号"做法，使得景观仅仅停留在纯粹的描述层次，而远离了丰富的系统内涵。

（四）乡村景观

依据城乡二元结构理论，乡村景观可以理解为城市景观以外的景观空间。长时间以来，对乡村景

---

① 孙炜玮. 基于浙江地区的乡村景观营建的整体方法研究 [D]. 杭州：浙江大学，2014：37.
② 孙炜玮. 基于浙江地区的乡村景观营建的整体方法研究 [D]. 杭州：浙江大学，2014：38.
③ 同上.

014   新疆传统村落景观图说

观的概念也一直未形成统一的定义。乡村景观与村落景观具有一定的交叉性、复合性和共有性，因其概念范围的界定而有所区别和侧重。但总的来看，对乡村景观的内涵解读主要有两个关键词，即"综合体"以及"多元价值"。

国际上关于乡村景观的研究，最早开始于文化景观。美国地理学家索尔（Carl Ortwin Sauer）认为文化景观是"附加在自然景观上的人类活动形态"。文化景观随原始农业而出现，人类社会农业最早发展的地区即成为文化源地，也称农业文化景观。以后，西欧地理学家把乡村文化景观扩展到乡村景观，包括文化、经济、社会、人口、自然等诸因素在乡村地区的反映。索尔指出"乡村景观是指乡村范围内相互依赖的人文、社会、经济现象的地域单元"或者是"在一个乡村地域内相互关联的社会、人文、经济现象的总体"。我国学者也从多个角度对乡村景观进行了探讨。[①]

根据乡村景观是构成乡村地域综合体的最基本单元这一特点，我国著名人文地理学家金其铭先生等提出乡村景观是指在乡村地区具有一致的自然地理基础、利用程度和发展过程相似、形态结构及功能相似的各组成要素相互联系、协调统一的复合体。[②]

江西财经大学谢花林从景观生态学的角度提出，乡村景观是指乡村地域范围内不同土地单元镶嵌而成的嵌块体。它既受自然环境条件的制约，又受人类经营活动和经营策略的影响。嵌块体的大小、形状和配置上具有较大的异质性，兼具经济价值、社会价值、生态价值和美学价值。[③]

从以上概念的简要叙述中可以看出，虽然学者们对乡村景观的解读不同，但都一致认为乡村景观是在乡村地域范围内的，自然景观与人文景观相互联系的"综合体"，具有美学价值、经济价值、生态价值和社会文化价值等"多元价值"。

本研究对新疆传统村落景观的界定集结前述对新丝绸之路中国核心区的新疆、传统村落、景观内涵、乡村景观的解读，将新疆传统村落景观界定为一个具有历史文化性、地域性、时代性的可持续景观整体性系统，一个建立在地方自然生境、经济生产、居住生活三部分有机融合之上的有机体。在乡村的传承与发展中，历史、地域、健康、文明的传统村落景观不能仅以外在空间与形体审美为代表，更不应是辉煌的经济指数增长，而应是指向乡村"地方"或者说"本土自然生态、经济生产、居住生活、文化传承"四者的有机关联、健康发展，并真实呈现出系统而具有生命活力的人居环境景观。

① 周心琴. 城市化进程中乡村景观变迁研究［D］. 南京：南京师范大学，2006.
② 金其铭，董昕，张小林. 乡村地理学［M］. 南京：江苏教育出版社，1990：247-283.
③ 谢花林，刘黎明，李蕾. 乡村景观规划设计的相关问题探讨［J］. 中国园林，2003，19（3）：39-41.

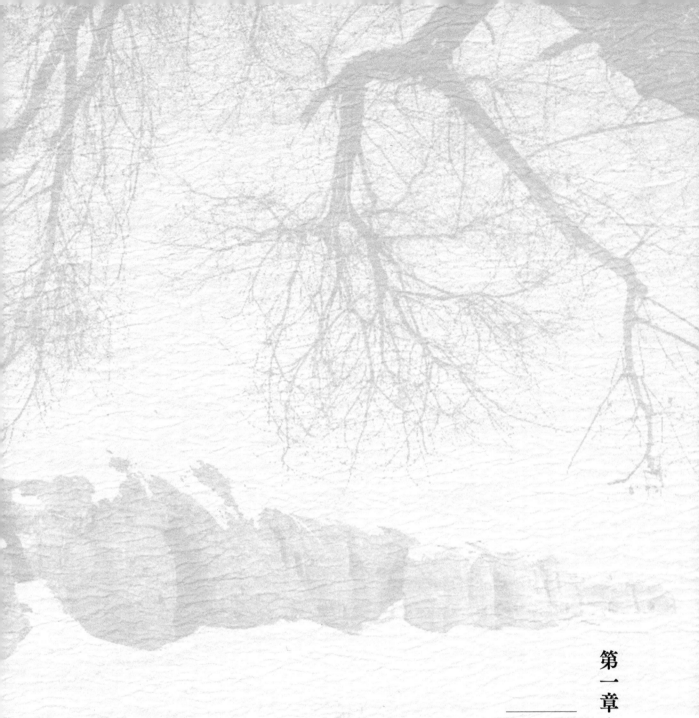

第一章

新疆的历史文化与人居遗产

新疆的历史文化

新疆维吾尔自治区地处中国西北,位于亚欧大陆腹地,与蒙古国、俄罗斯、哈萨克斯坦、吉尔吉斯斯坦、塔吉克斯坦、阿富汗等八个国家接壤,著名的"丝绸之路"在此将古代中国与世界联系起来,使其成为多种文明的荟萃之地。

中国是统一的多民族国家,新疆各民族是中华民族血脉相连的家庭成员。在漫长的历史发展进程中,新疆的命运始终与伟大祖国和中华民族的命运紧密相连。然而,一个时期以来,境内外敌对势力,特别是民族分裂势力、宗教极端势力、暴力恐怖势力(以下简称"三股势力"),为了达到分裂、肢解中国的目的,蓄意歪曲历史、混淆是非。他们抹杀新疆是中国固有领土,否定新疆自古以来就是多民族聚居、多文化交流、多宗教并存等客观事实,妄称新疆为"东突厥斯坦",鼓噪新疆"独立",企图把新疆各民族和中华民族大家庭、新疆各民族文化和多元一体的中华文化割裂开来。

历史不容篡改,事实不容否定。新疆是中国神圣领土不可分割的一部分,新疆从来都不是什么"东突厥斯坦";维吾尔族是经过长期迁徙融合形成的,是中华民族的组成部分;新疆是多文化多宗教并存地区,新疆各民族文化是在中华文化怀抱中孕育发展的;伊斯兰教不是维吾尔族天生信仰且唯一信仰的宗教,与中华文化相融合的伊斯兰教扎根中华沃土并健康发展。[①]

一、新疆是中国领土不可分割的一部分

中国统一多民族国家的形成,是经济社会发展的历史必然。历史上,养育中华民族及其先民的东亚大陆,既有农耕区,也有游牧区等。各种生产生活方式族群的交流互补、迁徙汇聚、冲突融合,推动了中国统一多民族国家的形成和发展。

中国历史上最早的几个王朝,夏、商、周先后在中原地区兴起,与其周围的大小氏族、部落、部落联盟逐渐融合形成的族群统称为诸夏或华夏。经春秋至战国,华夏族群不断同王朝周边的氏族、部落、部落联盟交流融合,逐渐形成了齐、楚、燕、韩、赵、魏、秦等七个地区,并分别联系着东夷、南蛮、西戎、北狄等周边诸族。公元前221年,秦始皇建立第一个统一的封建王朝。公元前202年,汉高祖刘邦再次建立统一的封建王朝。[②]

---

① 中华人民共和国国务院新闻办公室. 新疆的若干历史问题[N]. 人民日报,2019-07-22(08).
② 同上。

从汉代至清代中晚期，包括新疆天山南北在内的广大地区统称为西域。自汉代开始，新疆地区正式成为中国版图的一部分。汉朝以后，历代中原王朝时强时弱，和西域的关系有疏有密，中央政权对新疆地区的管治时紧时松，但任何一个王朝都把西域视为故土，行使着对该地区的管辖权。在中国统一多民族国家的历史演进中，新疆各族人民同全国人民一道共同开拓了中国的辽阔疆土，共同缔造了多元一体的中华民族大家庭。中国多民族大一统格局，是包括新疆各族人民在内的全体中华儿女共同奋斗造就的。[①]

西汉前期，中国北方游牧民族匈奴控制西域地区，并不断进犯中原地区。汉武帝即位后，采取一系列军事和政治措施反击匈奴。公元前138年、公元前119年，派遣张骞两次出使西域，联合月氏、乌孙等共同对付匈奴。公元前127年至公元前119年，三次出兵重创匈奴，并在内地通往西域的咽喉要道先后设立武威、张掖、酒泉、敦煌四郡。公元前101年，在轮台等地进行屯田，并设置地方官吏管理。公元前60年，控制东部天山北麓的匈奴日逐王降汉，西汉统一西域。同年，设西域都护府作为管理西域的军政机构。公元123年，东汉改西域都护府为西域长史府，继续行使管理西域的职权。[②]

三国曹魏政权继承汉制，在西域设戊己校尉。西晋在西域设置西域长史和戊己校尉管理军政事务。三国两晋时期，北方匈奴、鲜卑、丁零、乌桓等民族部分内迁并最后与汉族融合。公元327年，前凉政权首次将郡县制推广到西域，设高昌郡（吐鲁番盆地）。从公元460年到公元640年，以吐鲁番盆地为中心，建立了以汉人为主体居民的高昌国，历阚、张、马、麴诸氏。隋代，结束了中原长期割据状态，扩大了郡县制在新疆地区的范围。突厥、吐谷浑、党项、嘉良夷、附国等周边民族先后归附隋朝。唐代，中央政权对西域的管理大为加强，先后设置安西大都护府和北庭大都护府，统辖天山南北。于阗王国自称唐朝宗属，随唐朝国姓李。宋代，西域地方政权与宋朝保持着朝贡关系。高昌回鹘尊中朝（宋）为舅，自称西州外甥。喀喇汗王朝多次派使臣向宋朝朝贡。元代，设北庭都元帅府、宣慰司等管理军政事务，加强了对西域的管辖。1251年，西域实行行省制。明代，中央政权设立哈密卫作为管理西域事务的机构，并在嘉峪关和哈密之间先后建立安定、阿端、曲先、罕东、赤斤蒙古、沙州等卫，以管理西域事务。清代，平定准噶尔叛乱，中国西北国界得以确定。此后，对新疆地区实行了更加系统的治理政策。1762年设立伊犁将军，实行军政合一的军府体制。1884年在新疆地区建省，并取"故土新归"之意，改称西域为"新疆"。1912年，新疆积极响应辛亥革命，成为中华民国的一个行省。[③]

---

① 中华人民共和国国务院新闻办公室. 新疆的若干历史问题［N］. 人民日报, 2019-07-22（08）.
② 同上。
③ 同上。

1949年中华人民共和国成立，新疆和平解放。1955年，成立新疆维吾尔自治区。在中国共产党领导下，新疆各族人民同全国人民共同团结奋斗，新疆进入历史上最好的繁荣发展时期。

在长期的历史进程中，中国疆土既有割据时期又有统一时期，统一与割据交替循环，国家统一发展始终是主流方向。同中原地区不同时期曾经存在诸侯国或割据政权一样，新疆地区也多次出现地方政权割据情况，但不论这些政权割据时间有多长、局面有多严重，最终都走向重新统一。历史上，西域不同时期曾经存在的"国"，包括城郭诸国、行国、封国、王国、汗国、王朝、属国、朝贡国等形态，无论是汉代西域三十六国，还是宋代喀喇汗王朝、高昌回鹘王国等，元代察合台汗国，明代叶尔羌汗国，都是中国疆域内的地方政权形式，都不是独立的国家。即便是地方割据政权，也都有浓厚的中国一体意识，或认为自己是中原政权的分支，或臣属于中原政权。宋代著名历史文献《突厥语大词典》将当时中国分为上秦、中秦和下秦3部分，上秦为北宋，中秦是辽朝，下秦为喀什噶尔一带，三位一体为完整的秦。在《长春真人西游记》中汉人被称为桃花石，相应在《突厥语大词典》词条里，回鹘人被称为塔特·桃花石，也有的直译为中国回鹘人。在喀喇汗王朝钱币上，常有桃花石·布格拉汗、秦之王以及秦与东方之王等称呼，标示是中国的一部分。[①]

二、新疆各民族同属于中华民族大家庭

中华民族的形成与发展，是中原各族和文化同周边诸族和文化连续不断交往交流交融的历史过程。先秦时期的华夏族群，经过长期与周围族群的多元融合，特别是经过春秋战国500余年大动荡的交汇与融合，至秦汉之际，进一步与周围族群融合为一体，形成以中原人口居多的汉族，并从此成为中国历史进程的主体民族。魏晋南北朝时期，各民族尤其是北方少数民族向中原大迁徙，出现了大融合的局面。13世纪元朝建立，规模空前的政治统一局面推动了规模空前的民族迁徙，形成了元朝境内广泛的民族杂居局面。中华各民族在长期发展中，最终形成大杂居、小聚居的分布特点。多民族是中国的一大特色，各民族共同开发了祖国的锦绣河山、广袤疆域，共同创造了悠久的中国历史、灿烂的中华文化。[②]

新疆地区自古就同中原地区保持着密切联系。早在商代，中原同西域就有玉石贸易。汉代张骞"凿空西域"打通丝绸之路，使者相望于道，商旅不绝于

---

① 中华人民共和国国务院新闻办公室. 新疆的若干历史问题 [N]. 人民日报，2019-07-22（08）.
② 同上。

途。唐代"绢马互市"持续繁盛，"参天可汗大道"直通内地，沿途驿站星罗棋布，成为西域先民同中原密切联系的纽带。于阗乐、高昌乐、胡旋舞等西域乐舞深入宫廷，长安城流行西域风。出自今新疆库车的龟兹乐享誉中原，成为隋唐至宋代宫廷燕乐的重要组成部分。近代以来，在中华民族面临生死存亡的危急关头，新疆各族人民同全国人民一道，奋起反抗、共赴国难，共同谱写了可歌可泣的爱国主义篇章。新中国成立以来，新疆各民族关系进入平等、团结、互助、和谐的新时期。①

新疆自古以来就是多民族聚居地区。最早开发新疆地区的是先秦至秦汉时期生活在天山南北的塞人、月氏人、乌孙人、羌人、龟兹人、焉耆人、于阗人、疏勒人、莎车人、楼兰人、车师人，以及匈奴人、汉人等。魏晋南北朝时期的鲜卑、柔然、高车、嚈哒、吐谷浑，隋唐时期的突厥、吐蕃、回纥，宋辽金时期的契丹，元明清时期的蒙古、女真、党项、哈萨克、柯尔克孜、满、锡伯、达斡尔、回、乌孜别克、塔塔尔族等，每个历史时期都有包括汉族在内的不同民族的大量人口进出新疆地区，带来了不同的生产技术、文化观念、风俗习惯，在交流融合中促进经济社会发展，他们是新疆地区的共同开拓者。至19世纪末，已有维吾尔、汉、哈萨克、蒙古、回、柯尔克孜、满、锡伯、塔吉克、达斡尔、乌孜别克、塔塔尔、俄罗斯等13个主要民族定居新疆，形成维吾尔族人口居多、多民族聚居分布的格局。各民族在新疆地区经过诞育、分化、交融，形成了血浓于水、休戚与共的关系。各民族都为开发、建设、保卫新疆作出了重要贡献，都是新疆的主人。目前，新疆共生活着56个民族，是中国民族成分最全的省级行政区之一。其中，超过100万人口的有维吾尔族、汉族、哈萨克族和回族四个民族，超过10万人口的有柯尔克孜族、蒙古族两个民族。新疆地区既是新疆各民族的家园，也是中华民族共同家园的组成部分。②

三、新疆各民族文化是中华文化的重要组成部分

中华民族具有5000多年的文明发展史，各民族共同创造了悠久的中国历史、灿烂的中华文化。秦汉雄风、盛唐气象、康乾盛世，是各民族共同铸就的辉煌。多民族多文化是中国的一大特色，也是国家发展的重要动力。

自古以来，由于地理差异和区域发展不平衡，中华文化呈现丰富的多元状态，存在南北、东西差异。春秋战国时期，各具特色的区域文化已大体形成。秦汉以后，历经各代，在中国辽阔的疆土上，通过迁徙、聚合、战争、和亲、互市等，各民族文化不断进行交流交融，最终形成气象恢宏的中华文化。

早在2000多年前，新疆地区就是中华文明向西开放的门户，是东西方文明交流传播的重地，这里多元文化荟萃、多种文化并存。中原文化和西域文化长期交流交融，既推动了新疆各民族文化的发展，也促进了多元一体的中华文化发展。新疆各民族文化从一开始就打上了中华文化的印记。中华文化始终是新疆各民族的情感依托、心灵归宿和精神家园，也是新疆各民族文化发展的动力源泉。

中原与西域的经济文化交流始于先秦时期。到汉代，汉语已成为西域官府文书中的通用语之一，琵琶、羌笛等乐器由西域或通过西域传入中原，中原农业生产技术、礼仪制度、汉语书籍、音乐舞蹈等在西域广泛传播。高昌回鹘使用唐代历书，一直延续到10世纪下半期。唐代诗人岑参的诗句"花门将军善胡歌，叶河蕃王能汉语"，是当时新疆地区

---

① 中华人民共和国国务院新闻办公室. 新疆的若干历史问题 [N]. 人民日报，2019-07-22（08）.
② 同上。

民汉语言并用、文化繁荣景象的写照。宋代，天山南麓的佛教艺术依然兴盛，至今仍留有大量遗迹。西辽时期，契丹人征服喀喇汗王朝，控制新疆地区和中亚，典章礼制多沿袭中原旧制。元代，大批畏兀儿等少数民族移居内地生活，学习使用汉语，有的参加科举考试并被录用为各级官员，涌现了一批政治家、文学家、艺术家、史学家、农学家、翻译家等，有力推动了新疆各民族文化的发展。明清时期，受伊斯兰文化的影响，新疆各民族文化在同域外文化既吸收又冲突的过程中徘徊发展。近现代以来，在辛亥革命、俄国十月革命、五四运动、新民主主义革命斗争影响下，新疆各民族文化向现代转型，各民族的国家认同和中华文化认同达到新的高度。新中国成立后，新疆各民族文化进入史无前例的大繁荣大发展时期。历史证明，新疆地区凡是多语并用、交流频繁的时期，也是各民族文化勃兴、社会进步的时期。学习使用国家通用语言文字，是繁荣发展新疆各民族文化的重要历史经验。①

新疆各民族文化始终扎根中华文明沃土，是中华文化不可分割的一部分。早在伊斯兰文化传入新疆之前，包括维吾尔族文化在内的新疆各民族文化已在中华文明沃土中枝繁叶茂。源自7世纪的阿拉伯文明体系的伊斯兰文化，直到9世纪末10世纪初，随着伊斯兰教传入西域才对新疆各民族文化发生影响。宗教对文化的影响，既有自愿接受的途径，也有通过文化冲突甚至宗教战争的强制方式。在新疆，伊斯兰教很大程度上是通过后一种方式进入，这导致佛教流行时期创造的新疆各民族文化艺术遭到严重破坏。伊斯兰文化传入新疆，新疆各民族文化既有抵制，更有选择性吸收和中国化改造，既没有改变属于中华文明的特质和走向，也没有改变属于中华文化一部分的客观事实。产生于9世纪至10世纪的英雄史诗《玛纳斯》，经过柯尔克孜歌手世代传唱与加工，成为享誉中外的文学巨著。15世纪前后，蒙古族卫拉特英雄史诗《江格尔》在新疆地区逐渐形成，与《玛纳斯》《格萨尔王传》一起被誉为中国少数民族3部最著名的史诗。维吾尔族文学佳作纷呈，代表作《福乐智慧》《真理的入门》《突厥语大词典》《十二木卡姆》等，都成为中华文化宝库中的珍品，新疆各民族对中华文化的形成和发展都作出了贡献。②

中华文化认同是新疆各民族文化繁荣发展之基。历史上，凡是中央王朝对新疆进行有效治理、社会稳定的时期，新疆各民族文化和中原文化的交流交融就畅通，经济文化就繁荣兴旺；凡是新疆各民族文化秉承中华文化崇仁爱、重民本、守诚信、讲辩证、尚和合、求大同的思想，对多元文化吸收融合、兼收并蓄，多元一体的特征就越明显，新疆各民族文化就越进步。新疆各民族文化要繁荣发展，必须与时俱进，树立开放、包容理念，坚持与中华各民族文化交流融合，与世界多民族文化交流互鉴，建设各民族共有精神家园。③

① 中华人民共和国国务院新闻办公室. 新疆的若干历史问题［N］. 人民日报，2019-07-22（08）.
② 同上.
③ 同上.

第二节

新疆的传统人居文化遗产

　　在距今六七千年以前，我国进入新石器时代。这时的西域，以畜牧业为主，也有了农业，细石器被广泛应用，成了主要的生产工具。根据考古发现，新石器文化遗址，遍布新疆各地。在哈密的七角井，吐鲁番的阿斯塔那，疏附的阿克塔拉以及罗布泊、伊犁河谷等，都有发现。西域的新石器如石核、石片、石斧、石镞等，在制作、质地、形状等方面，都和我国内地发现的新石器相一致。在新疆喀什地区疏附县发现的新石器时代遗址，是迄今发现的我国最西部的新石器文化遗址，出土的石刀、石镰，在我国内地，自新石器时代至殷周时期屡见不鲜。[①]新石器时代遗址差不多在全疆各地都有发现，总的来说，当地人民群众以游牧和狩猎为生，属于和东北、内蒙古及其他西北各省相同的新石器文化体系。春秋战国时，秦国和西北地区少数民族已有紧密的关系。从西汉开始，新疆正式成为了伟大祖国的一部分，中原地区汉族先进文化不断传入，促进了本地区生产和文化的发展。西汉时，新疆已进入奴隶制社会，魏晋南北朝时，南疆已基本进入了封建社会。新疆古代文化呈现出错综复杂的局面，反映在建筑上，也出现多样的风貌。大量材料证明，新疆少数民族建筑，是根据当地民族的具体条件而产生，并吸取了先进的汉族文化而发展的。[②]部分建筑也吸收了西亚、中亚的某些装饰营造技艺，具有较强的地域特征。新疆的汉族建筑，是在传承中华传统建筑文化的基础上，根据具体营造条件，吸取其他兄弟民族优秀文化，发展而成的与当地自然地理环境相适应的中原风格建筑。古往今来，西域大地的建筑景观风貌呈现出民族特色与中原风格互存共生、和而不同的局面。

　　从建筑史学上来看，回顾以往，对人类建筑体系演进的阐释，多是以民

---

① 常青. 西域文明与华夏建筑的变迁 [M]. 长沙：湖南教育出版社，1992：30.
② 任一飞，安瓦尔. 新疆地区与祖国内地 [M]. 北京：中国社会科学出版社，1980：5.

族、国家、地区划定范畴，这样往往会使一部兼收并蓄、相互影响的建筑史，偏重于对某一固有建筑文化模式每部单向发展序列的描述。[1]汉代，是继秦统一中国以后，促进和巩固我国统一的多民族国家的重要时期。西域都护府的设立，密切了祖国内地和西域的联系，增进了汉族人民和西域各族人民的相互了解，进一步维护了祖国的统一，对各族人民共同开发祖国边疆和保卫祖国领土起了重要作用。[2]但是在中原政权衰弱时期，西域与祖国其他地区一样，也存在不少地方割据式的少数民族政权存在。因古代西域历史发展错综复杂，运用编年体形式对其人居历史进行溯源难度很大，难以有效驾驭。在课题研究时，主要通过借鉴前人考古学研究成果，对具有代表性的历史建筑和故城遗址进行梳理，逐渐呈现其不同历史时期的人居历史文化脉络。

一、尼雅遗址

"尼雅遗址"是指分布在塔里木盆地南缘的民丰县以北、尼雅河古代三角洲上的一处考古学遗址。[3]尼雅遗址是《汉书·西域传》中记载的"精绝"国故址，位于塔克拉玛干沙漠南缘民丰县喀巴阿斯卡村以北20公里的沙漠中，处在东经82度43分14秒、北纬37度58分35秒为中心的狭长地带。这座大约在公元4世纪左右消失的城市，留下许多悬念。沿古尼雅河道呈南北向带状分布，南北长约30公里，东西宽约7公里，其间散落房屋居址、佛塔、寺院、城址、冶铸遗址、陶窑、墓葬、果园、水渠、涝坝等各种遗迹约百余处。[4]从自然地理环境上讲，这个遗址及其所属的河流处在一个适中的位置上。它位于塔克拉玛干沙漠南缘中部，东邻雅通古斯河和安迪尔河，西邻克里雅河。在塔里木盆地，这些河流是古今绿洲的母亲。从现在的行政区划上讲，尼雅遗址所在地域归属和田地区的民丰县管辖。遗址在民丰县城北部，从其中心所在的佛塔到现在的民丰县城距离有100公里左右。在从南部昆仑山到尼雅遗址这个范围内，自然地势和地貌自南向北方向呈带状发生了巨大的变化。发源于昆仑山的尼雅河，在出山口以后，开始进入一片自南向北缓缓倾斜的砾石滩地带。地貌学上称作"山前砾石—细土平原"。从K·Mitsui（日本法政大学）和杨逸畴（中科院地理所）等人所测的一个河床纵剖面上看，自昆仑山5000米海拔处之零观测点起，向北至100公里处，海拔高度已下降到1500米；

① 任一飞，安瓦尔. 新疆地区与祖国内地 [M]. 北京：中国社会科学出版社，1980：11.
② 同上.
③ 刘文锁. 尼雅遗址历史地理考略 [J]. 中山大学学报（社会科学版），2002（01）：18-25.
④ 阮秋荣. 试探尼雅遗址聚落形态 [J]. 西域研究，1999（02）：51-60.

图1-1 尼雅遗址（图片来源：作者改绘）

自此段以下的河床高度开始趋缓。在地貌方面的变化也很大，从山地到山前砾石—细土平原再到沙漠，经历了三种类型的地貌。尼雅河现代绿洲的中心（即民丰县城所在），位于山前砾石—细土平原地带的河流中游。河水的流速在这里变缓了，较平坦的地势再加上较深厚的黏土堆积，使之逐渐变成适宜农耕和人类生活的地区。[①]

公元3世纪，发源于昆仑山脉吕士塔格冰川的尼雅河经此向北延伸。东汉后期尼雅古城曾为鄯善所并，后受魏晋王朝节制。可是居民们突然放弃了他们的家园，从此剩下一片废墟，这很可能是由于气候和地质的变迁，引起河床退缩，逐步衰化为流动沙丘地貌。

尼雅古城留下许多历史之谜，因遗址地势较高，地面积沙很少，原地面暴露在外，经过加工的胡杨木方散乱于地上。从佛塔的遗存来看，下为方形基座，上为圆柱形塔身，整个塔身用土坯加泥砌成，外抹泥层。以佛塔为中心，遗址北部为一组

房屋建筑，4间一字排开，中间有一道南北向走廊。每间长约7米，宽5米，整体布局显得较集中紧凑，表明宗教在早期聚落生活中享有被尊崇的地位。由于自然剥蚀的缘故，3间房屋的北墙地袱均已不存在，处于剥蚀台地边缘，南面为一个用芦苇席相围的大院，长约15米，宽约6米。周围为沙丘所环绕的一个盆地，盆地四周存留有一排排枯死多年的柳树、榆树、胡杨、杨树、桑树、沙枣树，这些迹象表明，丰富的木材资源为生土民居提供了土木结构的重要条件。屋面主要采用柱梁结构，由廊檐式院落、大厅、寝室、厨房（内存一完整壁炉，与现今民居格局一致）存储室、牲畜棚等部分组成，建造表现在梁柱粗大，工艺精细，从规模上来看，这也是一组大型木构件建筑遗址。[②]

遗址北部周围1平方公里内可见十几处风化的圆锥状窑址，周围地表散布大量陶片、烧结铁块、矿石、矿渣、坩埚、铜片、铜铁箭镞，显示一度繁荣的原生贸易。民居可以清晰地区分居室、厨房、

① 刘文锁. 尼雅遗址历史地理考略 [J]. 中山大学学报（社会科学版），2002（01）：18-25.
② 李群，安达甄，梁梅. 新疆生土民居 [M]. 北京：中国建筑工业出版社，2014：13.

火灶、牲口棚、庭院（院内种果树）等不同功能。南部土坯房址，印证了人们对应用土坯建房作为"公事房"的推测，其平面呈回字形，作为级别较高的宅邸，居住规模之大，说明生土应力所承受的房间跨度超出了人们预计。土坯的使用对技术的要求应该是比较高的，制造土坯模具及土的黏性处理涉及标准和结构跨度等一系列问题，而具体解决的途径都成为悬念。人们有理由惊叹，对于土坯性能的把握，其功能的开发和尝试，在当时已经达到极致。遗址散布的陶片、铁渣，周边的水渠，都证明了制造土坯的条件已经十分完备，砖的出现似乎在咫尺之遥。残存的篱笆墙没入高大沙丘下，证实木骨泥墙作为生土墙体在当时已经十分普遍。它至少将新疆人使用土坯砌筑的历史追溯到1600年以前。

生土作为民居建筑材料，主要借助水的使用。东面建筑似为住所，有长条形土炕，庭院内有牲畜棚、冰窖、垃圾堆，斯坦因曾在垃圾堆中获取了八枚汉文木简，从内容上看，是当时精绝国上层统治集团彼此馈赠礼品所使用的信签，收受礼品者为"王""大王""小太子""且末夫人"等不同人员，大多以美玉为礼品，结合其建筑规模，疑此处可能是汉代精绝王室的官邸。该组建筑紧挨房址南面是一块不大的葡萄园，内有圆形涝坝，不远处还见有残存的土坯墙基、林带。[①]涝坝的成型，不仅说明当时水草丰茂，而且从一个侧面证实生土修筑民用水利设施的最初尝试。东南方向约100米处，1997年以日方队员为主清理了水池和一座窑址，水池系用大块土坯错缝垒砌而成，呈圆角方形，边长8.5米，残高0.6米，宽1米。其外围四周堆淤土。该水池北侧3~4米处为一长方形土坯窑址，无疑水池应是供此窑制陶使用。[②]

以生土和水为条件，施工规模显然在逐步扩大。遗址南部，东西长185米，南北宽150米，城墙由淤泥堆积而成，底宽约为3米，残高0.5~2.5米，顶残宽1米。该城门前6米处还清理了一块面积约15平方米的房屋遗址，零星分布有住宅遗址，规模都较小。南墙中有一烧毁城门，距佛塔直线距离约13公里，其中大部分被红柳包覆盖。经发掘为过梁式的木构门洞，形状大致呈椭圆形，这在门洞几何造型的历史承续中十分罕见，透露出人们对圆形变化的审美兴趣。

民居大约可分为大、中、小三种类型。大型古居柱径粗，用材大而多，有中央大厅、多间住室、过道、储藏室、厨房、傍依林带、果园，气势雄伟；中型居址一般有三、四所房间，气势稍减；小型居址只有一、两间简陋小屋，或依畜厩。点状集凑的形式，略呈和田地区后来以"阿以旺"客厅为中心的布局雏形。规模的差异显示出主人贵贱高低的社会身份及当时贫富悬殊等级森严的社会形态。[③]随后1900年瑞典探险家斯文·赫定（Sven Hedin）、1905年美国地理学家伊斯沃斯·亨廷顿（Huntington Ellsworth）、1934年瑞典考古学家伯格曼（Bergmen）先后到达此地，并对古城进行了调查发掘，并再次出土了婆罗米文、粟特文、龟兹文、法卢文、汉文文书等。其中怪兽瓶花木雕双托架十分引人注目。用于家具的木质雕刻包括动物、人物造型，如长尾野山羊、有翼怪兽等，凿刀刻纹粗放，带有典型的犍陀罗风格，证实了和田地区木雕刻花艺术悠久的历史。在流沙袭进并吞噬这座古城之前，土坯造水池、陶窑、木骨泥墙证明几乎所有构筑物无一例外地均属于生土建筑，运用生土建造的设施种类齐全，民间技术应用已经品类完备，生土制品已涉及生活的各个方面，上述情形表明尼雅是迄今为止考古所完整发现的最早的一座古代原始生土城市。

① 阮秋荣. 试探尼雅遗址聚落形态 [J]. 西域研究, 1999（02）: 51-60.
② 同上.
③ 塞尔江·哈力克. 和田传统民居对尼雅古民居的传承与发展 [J]. 华中建筑, 2009, 27（02）: 250-253.

图1-2 楼兰遗址（图片来源：作者改绘）

二、楼兰古城

楼兰古城是一座逝去的丝路名城，建立在当时水系发达的孔雀河下游三角洲，得到冲积平原黄土的滋养。据《史记·大宛列传》和《汉书·西域传》记载，早在2世纪以前，楼兰就是西域一座著名的"城郭之国"，有人口一万四千余，士兵近三千人，可谓当时的泱泱大国。约在公元前3世纪前后形成"国家"，后来受月氏王统治。约在公元前177年至前176年间，匈奴打败了月氏，楼兰又被匈奴所统治。汉元凤四年（公元前77年），楼兰国更名为鄯善国，并将国都南迁至扦泥城（若羌县附近），"打泥"的名字证实生土和水的结合使用方式。从东汉至魏晋时期，楼兰继续存在了400年左右的时间，最终消失于公元630年。[①]

楼兰遗址景致凝重，与附近城镇的直线距离为西北距库尔勒市350公里，西南距若羌县城330公里。城内遗迹了无生机，显得格外苍凉。面对废墟大致可以看出，一条西北东南走向的古河道斜贯城中，将古城分成东北、西南两区，整个遗址散布在罗布泊西岸的雅丹地貌群中。古城基本呈正方形，东面长333.5米，南面长399米，西面和北面各为327米，总面积为108240平方米。从

---

① 李群，安达甄，梁梅. 新疆生土民居［M］. 北京：中国建筑工业出版社，2014：15.

楼兰古城遗留的境况不难发现，允许河流穿越市区是十分艰难的选择。很有可能为建城消耗了大量的水，而水的干涸又进一步加剧了城市衰亡的进程。①

古城多处发现烽燧、古墓等遗址，且方向感很强。目前城中尚存"三间房"。"三间房"是并排的三间房子，是楼兰城中两座土坯建筑之一，占地约为100平方米，是城中心唯一的土建筑，墙厚1.1米，残高2米，坐北朝南，建筑在一块高台上。从并排情况可以推测，全城布局以线性横铺为主，显得开阔壮观。"三间房"正中的一间要比东西两间显得宽大，建筑规格主次分明。根据墙体的厚度可以推测其体量，2米残高似乎意味着当年市区的建筑群气势宏伟，而且整体规划有序。如果因交通不便所带来的闭塞，以生土应用为基础，本土城建形制观念也在酝酿属于自己的文化符号，包括平面布局、立面形状、室内格局的形式构成法则，在悄无声息中，生土建筑无形成为建筑几何学的助产婆。②

楼兰古城南北两边的城墙，保存相对完好。一般认为，夯土在新疆最早始见于楼兰城墙的建造。实际的情形是北城墙存两段，多处已经坍塌，只剩下断断续续的墙垣孤零零地站立着。靠东的一段长约35米，厚约8.5米，残高约3.2米；靠西的一段长约11米，厚约5.5米，残高约3.5～4米。有考古学家认为原来建筑几乎不用木柱，靠土墙支持屋顶。两段之间有宽约22米的缺口，从位置上看，此缺口是北城门。北城墙的营造方式为夯筑法，每隔0.8～1.2米形成一个夯土架，现存有四部架，其他南、西、东三面也为夯筑。城西残留的城墙，高约4米，宽约8米，城墙用黄土夯筑。古城四周的城墙为夯筑，中土层夹芦苇或红柳枝，表明汉代晚期，夯筑法在新疆已得到普遍应用，构成木材缺失条件下，仅仅依靠水的拌合就发生的生土建筑奇迹，夯筑法得到发展，单纯的生土城市也在酝酿中。③

城东随处可见用黏土土坯建筑的房屋，土坯在楼兰古城的采用说明生土建筑在新疆的本土意义。尽管从未出现过规格统一的砖坯，但人们一旦发现了它的实用价值，就会从不停步地开发出新的应用项目。现残存的房子依然保存完好，房屋的门、窗全是木造，造型外观仍清晰可辨。很像是官署，它的周围是一些土木结构的建筑群。看起来当时建筑是以土木结构为主，木材应用技术娴熟，但经历了风沙洗劫后，仅存残缺的胡杨木架和少量芦苇墙。由于罗布泊胡杨树长势繁茂，足以供人们取材建设，生土来源便利，所造住房均为土木结构。民居由红柳、芦苇搭建而成。屋顶、四壁虽然已不复存在，但从残留的墙根可以看出当时的工艺做法。木料同时也激发了人们的装饰兴趣，从所使用的

① 李群，安达甄，梁梅. 新疆生土民居 [M]. 北京：中国建筑工业出版社，2014：15.
② 同上.
③ 同上.

胡杨木建筑材料来看，有的还凿了眼，甚至刻上了花纹，显示出相当高的工艺水平。从西厢房残存的大木框架推测，这里曾是城中屯田官署所在地。斯文·赫定（Sven Hedin）在东面一间房内发掘出大量的文物，包括钱币、丝织品、粮食、陶器、36张写有汉字的纸片、120片竹简和几支毛笔。[①]

在楼兰古城还发现两座佛塔。一座在东北部，高约10米；一座在城外东北4公里处。佛塔的下半部是一个方形台基，上半部则是一个圆柱形的塔身，可以因此推想最初的宏伟气势。圆柱样式流行于公元3~4世纪的魏晋时期，晚于汉代，隐约透露出屯戍方座与佛教建筑之间的联系，并很可能借鉴了军事筑堡技术。城内佛塔使用土坯夹木料建成，由此大概可以推断，那些没有屋顶的大型建筑，很可能是圆形的。顶的设计大概是在整体建造设计中最富于想象的部位了，几乎所有的文化印痕都集中在顶部，只是生土建造最困难且最容易损坏其原貌的部分也是在顶部。[②]

从伊斯兰教传入新疆的时间来看，楼兰地区是影响所及较晚的地区，据13世纪《长春真人西游记》记载，当时，塔里木盆地北缘的库车、库尔勒和焉耆等地都已经伊斯兰化了，只有吉木萨尔以东的高昌佛教维吾尔王国仍然属于非伊斯兰教化的势力范围。彩绘舍利盒乐舞图，出土于龟兹昭怙厘佛寺，1903年被带往日本。它是在龟兹僧侣死后的用具上绘制的人物画，表达了佛教僧侣对极乐世界的向往，这种画像后来在伊斯兰教的建筑中销声匿迹。生命形象与生土建筑的联系，也如同封存欲望的匣子，从此为身外的精神力量所统辖，开始沉闷无声的历史。[③]

三、交河故城

交河故城始于晚更新世及全新世，随着造山运动，交河地区转为隆起区。它坐落于环抱的一块块状台地上，适宜建筑的黏性土壤来自河水冲积平原。因河水冲击两岸形成崖壁，为交河故城中建筑窑洞、地穴、半地穴式和堑崖式居室提供了先决条件，堪称生土建筑博物馆。时间的流逝，并没有销毁它那苍浑卓绝的生土墙体骨架，庞大厚重的墙基以及矗立其上的堡式围墙，绵延起伏，整座城市像一座巨型黄土雕塑，体现出严整朴实的风格。

"交河"，突厥语崖岸叫"雅尔"，蒙古语义"城"，合译为"崖城"，因此又被称为雅尔湖故城，是公元前2世纪至5世纪由车师人开创和建造的，在南北朝和唐朝达到鼎盛。《汉书·西域传》上说："车师前国，王治交河。河水城下分流，故号交河。"意谓古城是建在河心洲上，正是在河水的反复冲刷下，形成一个巨大的平面呈柳叶形的河心洲，也正是这一生土洲岛，才为古城的建造提供了基础。台地呈不规则孤岛状，四周均为断崖深壑，台地东低西高，地面凹凸不平。经实地准确勘测，总面积约35万平方米，地势呈西北—东南走向，西北高，海拔82.16米；东南低，海拔43.95米。南北狭长逾1700米，中部最宽处约300米，四周有深约30米的郎孜不落孜河谷和阿斯喀瓦孜河谷环绕。所在遗址距今已有2000多年的历史，保存在地面的建筑遗迹大多是公元3~6世纪所建，公元9~14世纪由于连年战火，后逐渐衰落。元末察合台时期，吐鲁番一带连年战火致城毁损严重，终于被弃。作为世界上保存完好的生土建筑城市，堪与雅典卫城废墟媲美。[④]

① 吴宏岐. 新疆古代民族居住生活方式及其环境影响因素——以公元5-14世纪的吐鲁番地区为中心 [J]. 暨南史学, 2005 (00): 34-54.
② 李群, 安达甄, 梁梅. 新疆生土民居 [M]. 北京: 中国建筑工业出版社, 2014: 16.
③ 同上.
④ 李群, 安达甄, 梁梅. 新疆生土民居 [M]. 北京: 中国建筑工业出版社, 2014: 17.

图1-3　交河故城遗址（图片来源：作者改绘）

　　古城作为难得的生土建筑城市化石标本，开创了将民用生土建筑开发在高台的先例。凡适宜生土保存的水果核桃、杏、石榴等都被遗留下来，历经数千年依然完好如初，应得益于吐鲁番地区的高温干燥气候。这里夏季酷热干燥，年平均日照时数为3049.5小时，8～12级大风平均为36.2天，有持续3个多月的高温天气，年高于50℃的日数达146天，地表温度最高可以到76.6℃，年平均降雨量仅16毫米，平均蒸发量2838毫米，是降水量的88倍，加之城址远离水源，成为生土建筑的天然保护屏障。据1992年交河故城保护修缮专家组提供的数据，"由地表向下7米左右地层以粉土、粉质黏土、粉砂互层为主，地表含水量1.27%，向下逐渐增加，至地下7米左右，含水量增至12.17%～12.25%。地下静止水位埋深为18.35～20.14米"，因此构成生土建筑的珍罕"化石"标本。①

　　交河故城总体城市布局合理。城区分为宫城、内城和外城三部分。宫城居北，内城居中，外城居南；重城较小，城墙薄且矮；二重城稍大，城墙较厚也较高；三重城一般较大，城墙厚实而且高大，每个城区划分一般呈方形布局。一条南北走向的中央大道将它分成了北部寺院区、东部官署区、西部手工作坊

---

① 李群，安达甄，梁梅. 新疆生土民居［M］. 北京：中国建筑工业出版社，2014：17.

和居民区。建筑分区则遵循"择中立衙"的原则，官署区处在城区的中部，台地面平坦，并有规模较大的夯土围墙，围墙呈长方形，东、西墙开门。同时，城内大道南端和东侧各有巷口通向城外。建筑物主要集中在台地东南部的1000米范围内。其功能划分近似宋代以前城市的坊与曲，经勘查初步认定，古城内现存佛寺遗址53处，古井316眼，窑洞106孔，房舍1389间，制窑遗址7处，城门4处，便道9条，街道长度1908米，巷道34条，共计2241米，防护墙遗址1041米，墓葬区200余万平方米。全城有东、南两座城门，城中部的房屋与街巷密集，城市与自然外部地理环境和谐有机统一。作为汉朝与西域通道上的重要驿站，交河故城也是唐西域最高军政机构安西都护府的所在地。事实上，它更像是一座军事化城堡。从早期军事要塞的需要而言，首先解决营内集中训练问题，城中有大量的地下室建筑群，很有可能是为扎营设置的住所。自西汉至后魏，车师前王国都发轫于此地，车师人利用四周环水岛形的台地，建成防御性极强的王城，表现出高超的建筑技艺。运用生土构筑房屋有许多困难，例如，如何解决土质松软造成塌陷的问题，克服这些困难的途径来自战争对抗，谁首先取得了筑城技术手段，谁就优先获得生存机会。从保存较为完整的东门来看，城门的设计十分严密，入城必须通过陡坡，坡道上设有两道门卡，城门位于三面有重兵宿营的高矗地势，又在弓箭射程的中心。城内唯一的广场显然为军队集中训练和军戒施令提供了条件。城内主干道两侧高墙壁垒，仅有少数丁字形交叉口。各个坊区之间依稀可辨，是相互封闭的，便于军事管辖，且不说高大的夯土厚墙，土坡起伏，生土建筑随地势而建，有被封闭的凸出感觉，且各种明路暗道，与古城主要干线相互连接，有地下庭院、地下室、长达60米的秘密地道、角楼、哨所、地穴式瞭望孔等，也是为军政所需最为严整的设置。入侵者一旦进城，即不能有效地展开兵力。北部空旷的墓葬区，又为战时创造了可回旋的余地。这一情况表明，军事战争作为内在的推动力量，为生土民居建筑提供了诸种操作先例。依照常规，先例可以为后来立法，最初发生的即已经包含了未来的因子，并规定了它的生长方向以及结果。它的意义早已超过了生土建筑本身，其技术应用于屯垦、城垒、民居，建造之广泛，完全迫于求生的需要而追求改进方法，是任何一个西域古代城市所无法比拟的，同时也体现了人类经济发展的最初动力。[①]

交河故城运用了生土建筑主要的土墙构筑方法，体现了车师人在生土建筑中的聪明才智。交河城边有高达30米的崖岸，古城周围不建城墙，利用高台壁面来代替城墙，即采用减地造生土墙。这种墙要求原土质坚实，并只用于建筑的底层或半地下室中。交河故城中的许多院落就是用"减地造屋法"建成院

---

① 李群，安达甄，梁梅. 新疆生土民居［M］. 北京：中国建筑工业出版社，2014：18.

落和房间的隔墙，城中的下沉式建筑具有多重使用功能，从残存的柱洞看，有不少是多层建筑，最高建筑物有三层楼高。对于跨度较小的4米以内的空间大多采用土坯砌筑纵券质，而在4米以上，或跨度在20米左右的大殿，则采用木结构。但在院落的一角或某一侧仍保留着因使用"减地选屋法"建院而形成的生土台，并利用生土台的某个侧面作为房间的山墙，这可以从生土台侧壁上残留的椽孔、烟道等得到证明。在完整的台地上掏挖成墙，几乎可以是一个先例。建筑之初，不少构筑为多层，在平地上不断往下挖，挖出低于平面的院落，再在院壁掏洞，大洞居住，小洞存储粮食。同时，多层建筑同样不用木柱，而是在墙上挖出小孔，用来在两墙之间横加木椽，木椽的间隔约30~50厘米不等。在这样的进程中，出现了近代土坯拱顶的防酷暑型建筑，这些形制的选择其实直接与地形环境的制约有很大的关系，从此出现别开生面的形态差异。在减地掏挖的基础上，以后又衍化出用夯土建成土台，用土坯构造墙体，用泥土加草调拌后修造土墙，用版筑的方式建造土墙。①

垛泥墙是交河故城另一种常见墙体，采用70~80厘米见方的模板，然后用湿泥团层层叠起。每一层垛泥都是均匀的，各层之间略有差异，每层的厚度约为0.5~0.6厘米，以70厘米层高为多见，每层水平都找得很准。层与层之间有一层细干土，细干土是在灰浆干燥后的形态。垛宽45~60厘米，同层相邻的两垛之间看不出可以衔接的痕迹。组成垛的泥片厚度为3~5厘米，略呈倾斜堆砌，泥片之间界限分明，断面细腻而坚硬。中间少有包裹闭块。垛泥墙是土坯垒砌、减地掏挖之外又一种类型，很适宜平地起建，作为圈地的主要手段，对于为皇族、富商特备的宅基地，形成其势更加显赫，不同于一般平民民众，也为后世所仿效。垛泥墙的建造方式也运用了综合方法。古城建筑中有约100米的夯土大台基，成为建筑物均设在露台状的高地上，台的侧面总是稍微向里倾斜。在建筑露台时，有时采取用黏土块夯实。城区大道两侧是高而厚的土墙，且建筑材料都是黄胶土，系夯筑而成，以干打垒方式建造，这种方式在屯垦中也被普遍应用。②

交河故城中的窑洞大致分为三种形式。第一种为靠山窑，是利用垂直的黄土壁面开洞，向纵深挖掘，进深最大可达14米，而衙署的隧道长达24米。第二种为平地窑，在平地上按需要的大小和形状，垂直向下挖出深坑，成为院落，再从坑壁向四面挖靠山窑洞，布局如同四合院。在入口处挖成隧道式或开敞式的阶梯通出地面。第三种为地道式窑洞，在平地上先挖条斜坡道，达到一定深度后在斜坡道尽头的壁面开洞，向纵深挖掘洞室，即有些接近斜坡墓道的形制。窑洞洞体可分为拱顶、穹窿顶和平顶，其中拱顶占绝大多数，平顶次之，穹窿顶较少，主要为地下寺院主洞。窑洞系直接掏出，平房是先切挖土层留出四壁，然后用木头搭顶，板夹泥垛墙的建筑物只占少数，有的下部是生土墙，上部是板夹泥垛墙。屋顶多用泥土覆盖，极少用瓦葺顶。有的窑洞凿通气孔与旁边的水井井壁相通，使水井成为防暑降温的天然空调。③

交河故城开创了在生土高台上建立民宅的先例，它的最大优势在于扩大了民居的立体空间，可以在地层平面上深入拓展。第一，出于应对该地区的高温气候，生土地下掩体不仅安全，而且可以避暑纳凉。第二，为长期作战考虑，粮食的储备需要大面积粮仓，城市中部的圆形房屋建在通道出口处，显然是为了运粮方便而设置的。第三，下沉式建筑接近地下，有利于汲水，因此水井也成为生土

① 李群，安达甄，梁梅. 新疆生土民居 [M]. 北京：中国建筑工业出版社，2014：19.
② 同上.
③ 樊传庚. 新疆文化遗产的保护与利用 [D]. 北京：中央民族大学，2005.

建筑的组成部分，成为坎儿井的雏形。作为院墙的生土墙，挖建时独具特色，在生土台的侧壁上掏有窑洞或壁龛，为当时住人、仓储或放置佛像的场所。墙内侧挖成与生活面垂直的壁面，以便利使用，外侧则挖成较缓的护坡，这样挖成的院墙基底厚度达2米左右，具有足够的稳定性和承压能力。交河多数采用庭院式建筑，没有向街的门户。因此，同样是生土的开掘，挖地和高垒分别有不同的价值取向，这一选择既有中原文化的影响，也是当地居民因地制宜的结果。它以自己的方式，展示出在生土箱体内构筑居室的可能，排除了人们对生土住房坚固性的种种疑虑，将隐忍的精神品格发挥到极致，体现出独特的生存意志，成为绝无仅有的历史性生命体验，并证明了干旱区人们的生活潜能和技巧，也是生土建筑史上的成功范例和创举。

四、高昌故城

高昌故城曾为高昌回鹘王国的都城，维吾尔语称"亦都护城"，即王城。始建于公元前1世纪，为西汉王朝在车师前国境内的屯田部队所建。后历经高昌郡、高昌王国、西州、回鹘高昌、火洲等历史变迁。《汉书》中最早提到了"高昌壁"。《北史·西域传》记载："昔汉武遣兵西讨，师旅顿敝，其中尤困者因住焉。地势高敞，人庶昌盛，因名高昌。"汉、魏、晋历代均派有戊己校尉戍驻此城，管理屯田，故又被称为"戊己校尉城"，此城建于公元327年，前凉张骏在此"置高昌郡，立田地县"。继之又先后为河西走廊的前秦、后凉、西凉、北凉所管辖。公元442年北凉残余势力在沮渠无讳率领下"西逾流沙"，在此建立了流亡政权。公元450年沮渠安周攻破交河城，灭车师前国，吐鲁番盆地政治、经济、文化的中心遂由交河城完全转移到高昌城。公元460年柔然人杀北凉王安周，据《周书·高昌传》所载："以阚伯周为高昌王。高昌之称王自此始也"。这些情况表明，高昌故城崇尚高位，以居高临下的气势雄踞盆地中央，地势高敞不仅带来开阔的视野，也将权威凌驾于众小国之上，动用生土筑城的规模已不同以往。[①]

公元640年，唐吏部尚书侯君集带兵统一了高昌，在此置西州，下辖高昌、交河、柳中、蒲昌、天山五县。由侯君集所得高昌国户籍档案统计，当时有人口三万七千。9世纪中叶以后，漠北草原回鹘汗国衰亡后，西迁的部分余众攻下高昌，在此建立了回鹘高昌国。其疆域最盛时包括原唐朝的西州、伊州、庭州以及焉耆、龟兹二都督府之地。此外还有分布在罗布淖一带的众尉及其他一

---

① 唐玉华. 新疆文物资源的保护 [D]. 上海：华东师范大学，2006：57.

些别的民族或部落，地域范围远远超过了今吐鲁番盆地。回鹘高昌曾一度使用突厥文，突厥文因发现于鄂尔浑河和叶尼塞河流域，也被称为"鄂尔浑—叶尼塞文"，住在叶尼塞河流域的黠戛斯人和高昌人也都使用过这种文字。1209年高昌回鹘臣附蒙古，成吉思汗赐回鹘高昌王为自己的第五子，并下嫁公主。由于高昌先后与前秦、后凉、西凉、北凉有隶属关系，其城建形制明显与中原地区相仿。[①]

图1-4　高昌故城遗址（图片来源：作者改绘）

古城分内城、外城、宫城三重。它的外城大体呈正方形，城周长约5.4公里，城墙夯筑，夯层厚约4~12厘米不等，城墙残高约11.5米。城墙有些部位存在土坯或黑沙泥补筑痕迹，墙内侧残破处露纴木眼，外围有凸出的马面、瓮城。稍西有一座地上和地下双层建筑，可能为宫殿遗址，表明外城和内城之间有宫城。如果说，城市中心区的平面格局体现出某种政治模式的话，那么，从高昌故城的形制大概可以看出西域和中原地带在政治版图上的统一性。[②]

古城处于干旱少雨、黄土台地发育不均的地理环境中，囿于特殊条件制约，事实上这里缺乏大尺度木材，生土结构因之成为主要的构筑方式。局限反而促使建筑者将更多的心思花在生土构筑方法上。包括地下、半地下的拱窑及地面建筑构成，形状大小不一，有高有矮，呈现出恢宏的立体气势。内城中偏北有一高台，上有高达15米的土坯方塔，俗称"可汗堡"，建筑高大雄伟，殿基较多，发现有宫廷飨宴残片，应是高昌王国的宫城。宫城为长方形，居城北部，北宫墙即外城北墙，南宫墙即内城北墙。这一带尚存多座3~4米高的土台，当时为回鹘高昌宫廷之所在。全城共有7座城门，每面大体有两座城门，而以西面以北的城门保存最好，有曲折的瓮城。内城居外城正中；西南两面城墙大部分保存完好。周长约3公里。关于公元5~7世纪时高昌王国的建筑形态，有"减地留墙与土块垒墙"的记载，石器工具很可能是古城掘挖所使用的工具之一，并且随之出现了"减地造屋法"，成为生土建筑最有代表性的构筑方式。高昌古城出土文物包括各类钱币、文书等，遗存工艺品丰富，严整的城建模式很可能基于形成功能齐全的作坊。如果说，交河故城只注重封闭似铁桶一般的军事防御功能，高昌则更加看重贸易的交流，当火与生土的结合成熟之后，城门的地位便十分突出。砖材料加入到修建雄伟气魄的门的建制中来，并促进文化的交往。[③]

古代高昌地区的居住方式实际上呈现出多样化的特色。就已知的情况来看，生土建筑门类已经十分齐全，大致可分为五类，即夯筑法、压地起凸法、垛泥法、土坯砌筑及开凿窑洞法。所不同的是，高昌城在夯筑时采用圆木为模，它的夯层较厚，圆木夹板很可能有利于增加厚度，并在夯筑时保证坚固质量，而且这种夯

① 李群，安达甄，梁梅. 新疆生土民居 [M]. 北京：中国建筑工业出版社，2014：20.
② 同上.
③ 李群，安达甄，梁梅. 新疆生土民居 [M]. 北京：中国建筑工业出版社，2014：21.

筑方式至今仍然在被沿用。从现存废墟来看，城内的大型建筑遗迹，均有夯土台基，其上用土坯砌筑，土坯尺寸不一，墙壁很厚。顶部的构想是最具文化色彩的部位，不仅带有鲜明的部落个性标志，而且也可以发现由民族迁徙所带来的地域性特征。它一方面可以考察建造者依照力学原理的结构方式，另一方面也为文化观念的流行范式留下创作余地，而这一空缺恰好给了我们猜想的余地。事实上，它的顶部造型变化在高昌故城是丰富多样的。公元10世纪前后，包括交河故城、高昌故城在内的整个吐鲁番地区曾普遍出现过居室建筑由平顶向土坯（生砖）发券拱顶的过渡，这既与宗教势力影响的逐渐深入有关，又进一步证明此乃东西文化融汇之地。尽管遗址中很难分辨当时生土建筑群落顶部的情况，但从依稀的面貌中大抵可以猜想平顶与拱顶的交替使用。这同时也兼顾到窗户的设置，门窗多呈拱形，平面长方形的建筑用券顶，方形者用圆顶。建筑券顶不用拱券，而是用土坯直接起券，诸如带筒形顶的长形厅堂、圆屋顶所覆盖的四方形厅堂、经缩小体积的圆拱门，显然它的上限高度已经在15米左右，如果加上顶部的装潢

设施，场面也一定很壮观，所有这些都在叙说人们采用多种方式营造理想境界的尝试。除了平顶土屋以外，还有其他类型的居住方式，其中较为普遍的是窑洞和地穴。宅院墙面抹上泥巴以掩饰建材的简陋和砖坯，带有罕见的厚壁墙，采用椽、梁、柱、檩进行结构处理等，都是富有创意的独特做法。[1]

西域城市在建立之初，就蒙受着皇权赋予的相当于军事意味的等级差别，这在以生土为主的建筑形式中表现最为明显。从北庭古城的情况来看，城分内外两层，大体呈长方形。南北轴方向长，东西轴方向短，外城周长4596米。城东面临一条大河。外城和内城之间有一水渠贯穿而过，并有支渠通向城西大佛寺。外城墙西墙长约1625米，东城墙长约与之相当，但东临河沿，东北部分已不见墙址。西城墙残存基础部分厚约5~8米，高4~6米。北城墙485米，残存墙基础厚度约7~8米，残高为5~6米，终端有瓮城墙垣。南城墙全长850米。外城墙有角楼、马面、城门、墙外有护壕。城墙夯层为7~9米，夯层的夯窝较紧密，夯时加有木枝条等。内城位于外城内的中部偏北，周长3003米，南、西、北

---

① 李群，安达甄，梁梅．新疆生土民居 [M]．北京：中国建筑工业出版社，2014：21．

面有城门，东面临河，城墙残存很少。类似这样的民宅，留存下来的还有几十间，并集中在城西组成了居住区。建城的军事意图十分明了，作为统辖北疆地带的军政首府，它的魄力空前，城建形制本身就是领土范围的提示。①

生土城市建筑时间跨度大，在不同历史时期一定有不同的城建面貌，随之产生的城垣因军事地位差异，分别在不同时期政治角逐中扮演着重要角色。古代西域事实上出于无国界或国界频繁变更的历史进程中，缓慢而迟滞的农业耕作为种族部落间的融合艰难地做好了准备，人们似乎无需拥有太多理由为自己龟缩在土筑方城之内的行为辩护，战争注定需要有安全的屏障以安居乐业，即使战火破坏了被征服者的领地，新的城垣又很快随之建立。著名考古学家黄文弼先生曾在新和县于什格提古城发现有各式印章，其中有"汉归义羌长"铜印、"孔雀鸟形"铜印押、"孔雀啄蟾蜍"印押、封牛形印押等，而一枚桥钮铜质印章却是西域都护李崇的私印，其作为重镇的政治地位十分显赫。生土建造的城邦在氏族领地纷争与宗教势力折弘以及政治军事力量等因素的推动下，被划分为不同的等级。阿里·玛扎海里在所著《丝绸之路·中国波斯文化史》一书中解释说："中国的行政管理如此之严密，以至于在最小的一个村镇中，至少有五百户。每十个居住区在行政上依附于一个叫作'亭'的多镇首府，每十个亭依附于一个叫作'具'的行政区首府，每十个具依附于一个叫作'国'的行政区首府，每十个国依附于一个叫作'道'的城市，每十个道依附于一个叫作'府'的首府管理之下，府是最大的城市。"②中原地区的影响在逐步占据主导地位，从东汉到北魏的600多年中，中央政权多次更迭，西域诸城邦也在不同民族的纷争中发生"城国"的演变与发展，但西域各城邦之国与内地政权始终保持着从属关系。在以军事管理为主导的大背景下，民间商贾往来也比较频繁，生产、生活、民俗文化等也相互交织和影响。

城区布局是一种建筑形式语言，而它的语法则是在军事强权、政治体制、文化观念、审美理念共同作用下的结果。其中，社会组织形式最具历史特征，总要留下行政者的印记。新疆生土城垣布局主要为两种形式，一种是以宗教寺院为中心，另一种是以宫殿为中心，这样两种格局在废城遗址中都可以找到先例。矗立城墙大约是战争的产儿，在冷兵器时代，主旨是防御性的，或者为部落，或者为宗教信仰，宗教活动孕育出与其建筑相匹配的居住者，宗教寺庙总能占据城区十分显赫的位置。楼兰古城的情况表明，西域城内一般见不到较完整的布局区划，在王城中宫城的位置也不固定。它表明没有完整的规划准备也能应付复杂的局面。两个圆心分别指向不同的圆形范式，表明当时军事与宗教的矛盾心理。因此，西域城市大体呈不规则方形，而且没有中轴线，是西域古城的通常范式。③

尽管如此，以宫殿为中心的建制还是比较普遍。龟兹都城的此类情形也在古典文献中得到证实。据《梁书·龟兹传》载，都城"东西千余里，南北六百余里"，西汉初为匈奴统属，有户6970人，人口81317人，兵员21076人，设大都尉丞、辅国侯、安国侯、左右都尉、左右骑君、左右为辅君各一人。"城有三重，外城与长安城等，房屋壮丽，施以琅玕、金玉。"表明整座城市都是仿效长安城建造的，且被装饰得富丽堂皇。巴楚县托库孜萨来古城坐落在图木休克山脉，尽管毁坏严重，但寺院、房屋、城堡、烽燧均依稀可辨，被当地人称为"九重宫阙"。据实测有内城、外城和大外城市

---

① 李群，安达甄，梁梅. 新疆生土民居［M］. 北京：中国建筑工业出版社，2014：22.
② 李群，安达甄，梁梅. 新疆生土民居［M］. 北京：中国建筑工业出版社，2014：23.
③ 李群，安达甄，梁梅. 新疆生土民居［M］. 北京：中国建筑工业出版社，2014：24.

　　　　　　　　　　　　　　　　　　　　　　　　　　　新疆传统村落景观图说

之分。大致可以看出，以族群为主体的城市在清代逐渐明晰，出现了汉城、回城、满城的分别，在这一基础上文化的传播形成自己的特色。诸如交河故城市区大道的形成，依据干道分布官署区、宫殿区、教区和墓葬区、居民区等，这对西域城建者是重要的启示，但对于普通民居的平面形制变化，特别是院落格局以及装饰的影响甚微。[①]

总之，生土建筑城郭孕育产生最为古老的城市规划理念。人类童年的文化表现出封闭的特色，那是在交通不便的情形下所发生的地域文化；后来的情况伴随交通和通信的进步，地域文化的特色被大大削弱了，这既是人类的喜剧，也是悲剧。城市形制也同时体现着历史文化交流的态势。城市布局的划分是城市功能的细分，社会组织及其等级差别的原始符号，体现了军事屯垦为推广汉式建筑，并利用佛教生土建筑技术的成果，形成生土建造活动的地方特色，为我们展示了新疆在生土建筑方面可能达到的最高成就。生土建筑早期遗存，从尼雅、楼兰、交河或是高昌，如影随形的佛教遗址似乎表明，它所提倡的一些信念，帮助人们渡过了黑暗、炎热、寒冷、风沙等恶劣生存环境考验，仿佛建筑一开始就为某种生存意识所规定，而当人类征服自然的力量提高后，同时又在召唤着另一种意识的出现。只是佛教以超乎寻常的理念，将粗陋建筑条件下生活的人们，从愚昧和平庸里提升出来，给予人们以坚忍，同时验证了人们超强的生存智慧和能力。[②]而生土古城大多是由自然生成的，此外，历朝各代还面临着所需要解决的城市问题譬如交通、通信、地下水排放，功能区划分的设定，都需要事先规划，但在当时的条件下，解决这一难题是异常艰辛的。因而，城堡式群落是一个以自然缓慢的建筑生态繁衍的过程。集镇城市化的趋势，直接导致生土建筑群落的衰亡，以便让位于一个更坚固和符合整体规划设施的新建筑类型。[③]

五、北庭故城

近代以来，人们习惯将北庭故城亦称之为"别失八里"。"别失八里"（bishbalik）为突厥语，"别失"（bish）是"五"，"八里"（balik）是"城"，故汉语译为"五城"。[④]此称系确指北庭城而言。表面上看，"别失八里"与汉译"五城"似乎是等同的，其实也不尽然。据史籍记载，在公元840年回鹘西迁北庭以前，一般仅将北庭别称为"五城"。[⑤]比如《旧唐书·地理志

---

① 李群，安达甄，梁梅. 新疆生土民居［M］. 北京：中国建筑工业出版社，2014：24.
② 孙贝. 中国传统聚落水环境的生态营造研究［D］. 北京：中央美术学院，2016.
③ 李群，安达甄，梁梅. 新疆生土民居［M］. 北京：中国建筑工业出版社，2014：25.
④ ［日］安部健夫. 西回鹘国史的研究［M］. 乌鲁木齐：新疆人民出版社，1985：326.
⑤ 有些史料也将公元840年前的北庭称别失八里，但是这些资料出现相对较晚，为后人之追述，不可靠。

图1-5　北庭故城遗址（图片来源：作者改绘）

三》"金满"条说：金满为"后汉车师后王庭。胡故庭有五城，俗号'五城之地'。唐贞观十四年（公元640年）平高昌后，置庭州……"《突厥文毗伽可汗碑》说："及朕三十岁（唐开元元年，即公元713年），余往击五城"[①]等。由此可见，在这个阶段内，将北庭称为别失八里者是完全没有的。但是到公元840年回鹘西迁北庭以后，则多将北庭称为"别失八里"。[②]比如，《世界侵略者传》说，回鹘西迁"后至一平原中，乃于其地建筑五城，而名之曰别失八里。别失八里者，犹言五城也。"《高昌王世勋碑》说，回鹘"乃迁诸交州东别失八里居焉"；《高昌偰氏家传》说，回鹘"后徙北庭。北庭者，今之别失八里城也"等。上述情况表明，在回鹘西迁北庭以前，"五城"与"别失八里"二称之间似乎没有必然的联系。只是当回鹘西迁北庭之后，两者才等同起来。从探讨"别失八里"一称起源的角度来看，这个现象是很值得注意的。[③]

　　首先，在回鹘西迁前，北庭城一般仅别称为"五城"。此称起源的时间，《旧唐书·地理志》将其上推到汉代车师后国至公元640年唐置庭州之间。但是，在这个历史时期内，庭州城及其附近一带，却根本不存在五个城镇，庭州城本身也不是由五个部分组成的。因此，所谓"五城"显然不是指五个城镇或庭州城的结构而言的。其次，在回鹘西迁北庭以后，上述史料中最引人注意的是"乃于其地建筑五城，而名之曰别失八里"，"北庭者，今之别失八里城也"两句话。这两句话清楚地表明，"别失八里"一称，在时间上是与回

① 岑仲勉. 突厥文毗伽可汗碑 [M]//突厥集史（下册）.北京：中华书局，1958.
② 孟凡人. 论别失八里 [J]. 新疆社会科学，1984（01）：117.
③ 同上。

鹘西迁北庭事件密切相关的；在字义上，"别失八里"与"建筑五城"也是统一的、名实相符的。这种情况，若与"形制"部分所论证的北庭城由五个部分（五城）组成始于回鹘时期结合起来看，可初步推断"别失八里"一称实际上应起源于公元840年回鹘西迁北庭之时，或其后不久。而在此之前，所谓的"五城"与"别失八里"则仅仅是在字义上相同，是一种偶然的巧合而已。①

从考古调查看，别失八里城主要由外城、外城北的子城、西面的"延城"、内城、内城中的小城五个部分构成。其中外城呈南北长、东西窄的不规则的长方形，周长约4430米。外城墙夯筑于原生土上，每面城墙都有城门、马面，城墙四隅有角楼台基。其中东城墙沿河修筑，弯曲不直，破坏极为严重。东城墙直线距离长约1625米，城门大致与西门相对，已残毁。西城墙长约1470米，墙基残宽约5～8米不等，墙残高4～6米。西城墙自北端向南约780米，城墙向西折拐出115米（折拐部分段），其末端（即西端）为西城门（已毁），然后西城墙自城门处继续南行。南城墙略向东南斜，全长850米，墙基残宽5～8米，墙残高5～7米，城墙断断续续，保存得不好。自南城墙西端向东360米处有城墙残迹（已毁）。北城墙全长485米，墙基残宽7～8米，残墙高约5～6米。自北城墙西端东行180米为瓮城门，形制呈类掰直"S"形状。瓮城门里口宽约7.4米，里口西侧为瓮城西墙，长5米，残宽6米，残高约6.5米。瓮城北墙长约30米，残宽约4～6米，残高约6.5米。瓮城北和西墙衔接处略呈弧形，瓮城门外口开在东侧，宽约6米。外城北面的子城：在外城北城墙瓮城外，套有子城（或称关城）。子城西墙距外城北城墙西端约140米，长约100米，墙基残宽约3米，墙残高约2米，西墙中部残断。子城北城墙基本与外城北城墙平行，长约170米（中间有残断处），墙基残宽约3米，墙残高约1米。子城城

门开在东端，已残毁无存。西延城：前述外城西城墙自城门处向外（西）突出部分，南北长约690米，东西宽约310米（自西城门到内城西城墙）。据现场观察，该向外突出部分所在地段较平坦，并无河水等自然障碍，故系有意建造。在突出部分的城内结构现已无痕迹可寻，但根据日本大谷探险队测绘的草图，仍可看出突出部分与内城墙相接处有隔断墙的痕迹。另外，从突出部分的规模来判断，也应当作为城内的一个独立单元来看待。据《新唐书》卷四十《地理志》"庭州至碎叶道"里记载："自庭州西延城西六十里，有沙钵城守捉。……庭州至碎叶道。"自西延城起算，说明"西延城"应是庭州城的有机组成部分之一。我们进行调查时，在护堡子古城西城门与西边二十余公里的双岔河子之间发现一条断断续续的古道。此道在清代至乌鲁木齐驿路之北，沿双岔河子古城北门向西延伸，当地群众称之为"唐朝路"。双岔河子古城位于双岔河村东北约二三百米，附近有溪水，土地肥沃。古城范围很小，城仅余夯土墙基，约七八十米见方。在城内外散布许多具有唐代特点的陶片，初步估计该城遗址可能与沙钵城有关。如是，上述之古道当为"碎叶路"的一部分。总之，西城墙向外突出部分系由原城向外延展，不是城外的附加部分，故可称为"延城"。此外，结合"碎叶路"和调查中发现的古道及古城资料判断，西城墙向外突出的"延城"可能是《新唐书·地理志》所记之"西延城"。除上所述，在外城的东面和北面（包括子城）绝大部分临河。此外，在外城西、南及北城墙西端紧贴城墙现均有宽约20～50米，深约2～3米的干沟。这些干沟互通，并与东北面的小河相连，估计是护城河之遗迹。内城位于外城内中部略偏北。内城东城墙与外城东城墙合一，绝大部分已残毁。其余三面墙外均有马面，除东北角外其余三隅都有角楼台基有城门残迹。具体言之，西城墙全长约1000米，墙基残宽

---

① 孟凡人. 论别失八里 [J]. 新疆社会科学, 1984 (01): 118.

约5～7米，墙残高约2米，大部分已残毁。西城墙北端距外城西城墙约180米，南端距外城西城墙约310米。内城西城墙北端南行约600米有城门残迹，残宽约18米，基本上与外城西城门相对。南城墙自西向东略斜收，长约610米，墙基残宽约5～6米，残高约5米。南城墙西端距外城南城墙约355米，东端距外城南城墙约570米，未见城门遗迹。北城墙自西向东略内收，长860米，墙基残宽约5～7米，墙残高约2.5米，北城西端距外城北城墙约40米。北城墙西端向东行310米，自城门北城墙继续东行接东墙，呈"S"形状，内城东城墙外临河，其余三墙外均有宽约10～30米、深约1～3米的残干沟。干沟互道，并与东西的小河相连，应为护城河遗迹。在内城东部偏北，即在内城北城墙东部向南约80米处，有一条东西长约230米、南北宽约190米的小城。城墙夯筑，现仅北城墙残存长约200米，墙基宽约3米，残墙高约1米。南墙仅西部残存长约30米，墙基残宽约5米，残高约1米。南、北城墙均未见马面，东、西城墙已残毁无存。在小城外有护城河残迹，残宽约18米，深约2～3米。在西墙外护城河残迹的南端形成几个大深坑，类似小湖泊。[①]

据现场观察别失八里城的构筑方法，外城与内城有着明显的差别。具体而言，外城（包括子城）城墙夯层薄，一般厚约7～9厘米，夯筑时有较密集的夯窝，夯筑时加桩木。内城及小城城墙夯层厚，一般在12～14厘米左右，夯面较平整几乎不见夯窝。外城城墙有多次修补痕迹，修补部分有的与外城墙结构相同（如，西城墙北段第五个马面以北）；有的与内城墙结构相同（如，西城墙北段第十个马面以南和西北角楼台基的上部）；有的地方用大土坯（50厘米×20厘米×11厘米）修补或增筑马面（修补处见于西城墙北段第十个马面，西北角楼，北城墙第二个马面；增筑的马面见于西城墙北

段，第十一个马面和北城墙第一个马面），此种土坯与内城建筑基址所用的土坯相同。内城和小城城墙未见修补痕迹。城内建筑基址，夯筑者均为厚夯层，无夯窝，特点与内城墙相同。建筑基址用土坯筑者，除上述大土坯外，还有一种略小，（40～44）厘米×（18～22）厘米×（10～12）厘米。总之，从构筑方法上看，外城、子城与"西延城"属于一个系统；内城、小城及城内建筑基址属于一个系统。外城墙的修补或增筑部分，除少数与外城墙属于一个系统外，余者均与内城墙或城内建筑基址相同。根据在新疆东部地区进行考古调查时的观察对比，护堡子古城的外城、子城和"西延城"的薄夯层，有较密的夯窝并加桩木的夯筑方法是新疆东部地区相当于唐代的建筑特点之一。而内城墙、小城和建筑基址则与吐鲁番地区高昌回鹘时期建筑的构筑方法和用材是一样的。[②]

综上所述，根据考古调查，关于别失八里城的形制可归纳如下：别失八里城是由外城、外城北面的子城、西面的"延城"、内城、内城中的小城五个部分组成。此外，根据日本大谷探险队测绘的草图来看，在"西延城"内与内城之间似有隔断墙。如是，所谓"五城"则是由内城（皇城）、内城中的小城（宫城）、"西延城"、"西延城"与内城西城墙间隔断墙以北部分的外城、"西延城"与内城南城墙间隔断墙以东部分的外城所组成，不包括外城墙北部的子城。但是不管上述哪种情况，都可以确信所谓"五城"是指别失八里城的本身形制而言。由此可见，别失八里一称正是因为回鹘时期营建了皇城和宫城以后，才与"五城"名副其实起来；而在此以前的唐代，所谓"五城"则是"侯城"或"古城"传称之讹，它与"别失八里"一称，虽然文义相同，但只是一种偶然的巧合，或为后人附会之说而已。[③]

① 孟凡人. 论别失八里 [J]. 新疆社会科学, 1984 (01): 119.
② 孟凡人. 论别失八里 [J]. 新疆社会科学, 1984 (01): 122.
③ 同上.

传统村落反映的是村落与周边自然环境的和谐状态，体现了当地村落的基本景观空间格局，代表着一个地区的传统村落景观文化，是农耕社会物质文明和精神文明共同的宝贵遗产。作为世界上传承农耕文明历史最悠久的国家之一，我国的传统农业是从土地中来，到土地中去的一个整体闭环过程，此过程可以做到对自然生态环境最小的侵扰。传统村落是传承农耕文明且维持农业循环过程的核心，是农耕文明活的珍贵遗产，是人类认识自然、改造自然、适应自然，最终达到与自然和谐共处的空间与文化载体。[①]

凯文·林奇（Kevin Lynch）提出，任何一个城市都有一种公众印象。它是许多个人印象的叠合。或者有一系列的公众印象，每个印象都是某些一定数量的市民所共同拥有的。一个人想要适应环境并与同伴合作就得有一种团体印象。每人都有自己稀有而独特的印象，有无法与他人共通的内容，但还是近似于公众印象。而且，这种公众印象在不同的环境中也多少要有些包容性并可使人信服。[②]我们把分析限于对象的物质性和感觉方面，而暂且排除地区的社会意义、作用、历史、名称等其他影响印象性的因素。因为我们的目的是揭示形式本身的作用，以便在实际设计中加强形式的意义而不是否定它。新疆丘陵地区的传统村落作为研究的重点，涉及大量的具体性村落。为了便于将相关理论与客观实践相结合，将在新疆16个中国优秀传统村落相关资料搜集的基础上，有针对性地对典型村落进行田野实践，并运用类型学原理和大数据问卷调查进行分析，进而运用客观图像和具体数据对传统意义上的村落景观意象进行实证研究。

将传统村落景观按照类型学方法对16个传统村落进行具体研究。如对村落的景观要素分为整体风貌、景观格局、村落边界、节点景观、标志性景观、建筑形制、建筑装饰艺术、公共环境景观和庭院空间景观9种类型，运用德尔菲法进行问卷设计，按照很满意、满意、一般、不满意、很不满意5种评价标准对其进行客观评价。考虑到公众受访者评价的广泛性和专家受访者的专业性，进行两类问卷投放和评价，得出既相对民主又比较集中的评价结果，更好地对其进行有理有据、具体而又综合的有效研究。

---

① 孟立媛. 冀南地区传统村落乡土景观特征研究［D］. 天津：河北工业大学，2016.
② ［美］凯文·林奇. 城市意象［M］. 方益萍，何晓军，译. 北京：华夏出版社，2001：41.

图1-6　建于1970年代的昌吉州玛
　　　　纳斯县北五岔镇沙窝道村
　　　　传统民居

图1-7　修葺一新的阿克苏市柯坪
　　　　县传统民居建筑景观（图
　　　　片来源：张禄平拍摄）

图1-8　阿克苏市柯坪县阿恰勒镇
　　　　维吾尔传统民居（图片来
　　　　源：张禄平拍摄）

图1-9　建于1960年代的昌吉州
　　　　木垒哈萨克族自治县西
　　　　吉尔镇传统民居（图片
　　　　来源：刘晶拍摄）

图1-10　伊犁哈萨克族自治州境
　　　　　内独库公路沿线传统村
　　　　　落（图片来源：曲艺民
　　　　　拍摄）

一、新疆传统村落地理分布与类型分析

（一）新疆传统村落地理基本分布

　　传统村落景观广泛地存在于中国广阔的土地上，不同地区的传统村落景观有着不同的地理环境特征、地域文化和民族风俗等，并进一步与不同的生产生活方式相结合，经过长期的发展与积淀，从而形成地域特征明显的传统村落景观，具有广泛而丰富的特征。在区域和文化背景下，又因局部因素的不同，形成了和而不同的村落文化景观。新疆是中华悠久历史文化源流之一，尽管该地区处于西北边陲，但是在不同历史时期均持续发挥着重要作用。传统村落景观文化没有因行政区域的划分，而被人为地阻隔。新疆地区景观文化具有文化圈层的概念意义，以天山廊道为核心，向周围传播，与当地传统村落景观文化融合发展而逐渐式微。新疆传统村落的规模、质量对西北地区，乃至全国都有着重要的影响，对其进行深入研究具有重要意义。

图1-12　昌吉州木垒哈萨克族自治县西吉尔镇生产性景观
（图片来源：刘晶拍摄）

（二）新疆传统村落类型学分析

　　自然地理环境是地域景观文化产生的重要基础，尤其是对具有强烈历史文化感的地域景观文化更是如此。新疆特有的多样地貌特征与暖温带干旱大陆性季风气候，从外部环境上对新疆传统村落景观文化的形成与发展产生了深远影响，进而使该地区传统村落景观具有显著的特征。新疆地理环境处于亚洲中部，乌鲁木齐也是世界上离海洋最远的大城市之一。整个新疆地貌呈"三山夹两盆"的总体格局，该地区广大乡村主要以冰山融水的灌溉农业和牧业为主。

图1-11　和田地区墨玉县喀尔赛镇传统村落中的废弃院落
（图片来源：作者拍摄）

图1-13　昌吉州木垒哈萨克族自治县西吉尔镇传统村落民居景观（图片来源：刘晶拍摄）

图1-14　伊犁州特克斯县由传统村落民居改造成的旅游民宿景观（图片来源：曲艺民拍摄）

传统村落景观在聚落选址、民居建筑、村落民俗文化等方面均与所处地理环境有关，尤其是民居院落在选址、布局、营造等方面的重要因素被该地区不断变换的地形地貌所限定，加上历史时期社会形势的因素，新疆传统民居院落空间的形态和尺寸也一直受到影响。换言之，自然地理环境对于民居院落的影响，表现在新疆高低起伏的地形地貌特征，直接影响人们对空间的认知；民居建筑的地形，对住宅院落形制及大小有直接的决定作用。在新疆传统村落中，院落空间的形态结构与地形地貌的特征有着必然联系。从本质上说，这种因地制宜性来自于民居院落中空间与场所相互作用的结果，这种作用的结果在新疆数量众多的民居院落中得到充分体现，整体地塑造了该地区村落景观风貌。

新疆传统村落景观按地形地貌分类（作者绘制）　　　　表1-1

分类方式	地形类型	传统村落景观
地形地貌	深丘陵区	天山山脉、阿尔泰山、昆仑山南麓
	浅丘陵区	准噶尔盆地、吐鲁番盆地、塔里木盆地边缘
	平原区	哈密市区附近

受上述各种因素的影响，新疆地区形成了丰富的传统村落景观文化带。即每一个村落都有其自身发展演变的过程，"村落的特征往往通过其特定起源、历史发展、地理条件、形态结构、规模以及经济活动和职能等方面反映出来。"因历史上新疆特殊的地理环境和相对单一的生产生活方式，传统村落景观的类型特征并不是单一的，而通常是几种类型同时并存，所以很难制定一个综合的分类系统将各种因素包含在内。因此，不同地区、不同地理环境下村落景观文化的组成要素、空间布局均有显著差异，从而导致村落景观类型各有特色。[①]为了进一步科学分析与研究，针对数量庞大分布广泛的传统村落景观，运用类型学分类法是行之有效的研究方法。本研究依据孕育与生成传统村落的地域，根据地形地貌特征将新疆传统村落整体归纳为丘陵地区传统村落景观。因新疆所辖的县市区较多，分布广泛，部分区县与天山廊道有着密切而不可分割的联系，在进行具体研究时，将丘陵地区又细分为深丘陵和浅丘陵两部分，进而使研究更具有准确性和科学性。

在田野实践和对传统村落特征因素初步梳理的基础之上，从地理分布、规模性质两个维度将新疆的传统村落景观进行分类，通过大数据调研和SPSS分析具体方法，旨在深入了解和掌握公众对新疆传统村落景观的认知度，揭示传统村落景观文化的本质及价值，以便为今后的传统村落景观文化复兴与实践提供参考。

---

① 刘晓萌. 安阳地区传统聚落与民居建筑研究 [D]. 郑州：郑州大学，2014.

二、新疆传统村落景观满意度调研方法与数据获取

　　随着人类文明的进步和社会的发展，传统村落的文化价值越来越受到重视。作为人居环境文化重要组成部分的传统村落景观文化亦与之相伴相生。传统村落景观文化是广大乡村任何人都不能离开的血脉文化。从结构模式角度看，景观与文化同构，即同样包括物质文明和精神文明两个方面。村落景观既要满足人们衣食住行的物质需要，更要体现政治、经济、科学、技术、哲学、宗教、艺术、美学观念等精神方面的要求，还要满足不同时代、不同地域、不同民族的生活方式、生产方式、思维方式、风俗习惯、社会心理等的需要。这种综合性使村落景观文化成为当地民众每个历史阶段发展水平和成就最重要的标志，它们构成当地民众人居文化的历史形象。

　　人类与其他动物相区别的第一个特征是人类不仅具有思考的能力，而且具有了解自己所思所想的能力。第二个特征是人类的社会性，即我们把与他人的关系放在极为重要的位置上。知道了这两个特征，我们就更容易理解社会认知的定义。心理学家通常使用的社会认知的定义是我们理解、储存、回忆有关他人社会行为信息的方式。那么，社会认知心理学的定义就是研究人们理解、储存、回忆有关他人社会行为信息的方式的一门科学。社会认知心理学是在20世纪70年代末和80年代初开始形成并逐步发展起来的。它以对人类自身和社会关系的认知为研究对象，探索人们如何理解他人和自己。[①]

图1-15　昌吉州奇台县江布拉克景区废弃的哈萨克族牧民井干式民居（图片来源：作者拍摄）

① 郑全全. 社会认知心理学 [M]. 杭州：浙江教育出版社，2008：1.

---

① 郑全全. 社会认知心理学 [M]. 杭州：浙江教育出版社，2008：1.

认知度，即认知程度。既包括认知的维度、广度，还包括力度和深度。主要指在社会认知心理学的基础上，人们对客观事物的理解与认识，因自我的知识背景、思维方式、生活阅历与价值理想的不同而有所差异。研究主要以社会心理学为基础、问卷调查法为手段，运用凯文·林奇（Kevin Lynch）的城市意象[①]、诺伯舒兹（Christian Norberg-Schulz）的建筑现象学[②]等相关理论，对传统村落景观进行分类分析，对景观文化进行研究，用实证数据对传统村落显性特征与隐性因子进行研究。

（一）相关情况

新疆处于亚洲中部，与8个国家接壤，有着深厚的历史文化底蕴和丰富的传统村落景观。截至目前，新疆共有16个中国优秀传统村落。本研究以新疆主要传统村落景观为具体研究对象，于2014年7月至2020年1月期间多次进行实地调查，采用入户访谈、问卷调研、照片拍摄、绘制图纸等方式，从不同层面和维度获取公众对传统村落景观的认知程度的具体数据。

（二）问卷设计

问卷结构主要由三部分组成。即受访者基本情况，包括来性别、职业、学历、年龄、与新疆的关系等；新疆传统村落（按地形地貌和性质规模划分）景观本体要素，包括总体风貌、景观格局、村落边界、节点景观、标志性景观、建筑形制、建筑装饰艺术、公共环境景观、庭院空间景观等；传统村落景观整治策略，包括坚持原则与实施路径等。其中对景观的认知度主要以满意度评价方式进行，具体为很不满意、不满意、一般、满意、很满意共五个选项。调研统计结果运用大数据处理手段，按受访者对不同评价指标具体数量进行数理分析和百分比显示，进而保证调研数据的准确性、时效性和科学性。

（三）数据获取

为保障问卷投放的广度和深度，以及调研结果的科学性，调研主要运用问卷星调研平台进行问卷的设计、投放和分析。本次调研共有来自全国各地的336人通过微信参与调研问卷，有效问卷336份。

---

① ［美］凯文·林奇. 城市意象［M］. 方益萍，何晓军，译. 北京：华夏出版社，2001：1-3.
② ［挪威］诺伯舒兹. 场所精神——迈向建筑现象学［M］. 施植明，译. 武汉：华中科技大学出版社，2010.

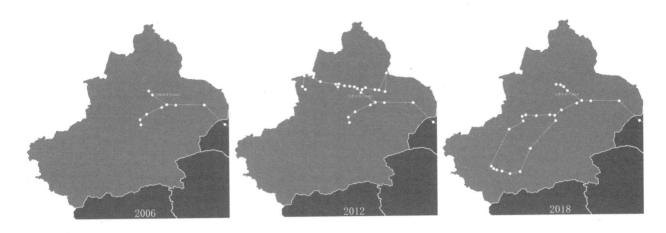

图1-16　作者不同时期的调研路
　　　　线图（图片来源：作者
　　　　绘制）

三、新疆传统村落景观满意度调研结果分析

（一）受访者基本情况

在本次调研中，受访者均通过微信参与答卷，共336人参与。从IP地址显示来源地看，按省份区分，分别来自新疆、甘肃和北京等省市区。其中来自新疆的受访者为276人，占82.14%；来自甘肃的受访者为29人，占8.63%；来自北京的受访者为13人，占3.87%；来自四川的受访者为9人，占2.68%；来自河南的受访者为3人，占0.89%，来自江苏的受访者为2人，占0.6%。

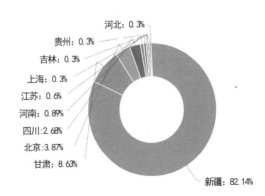

图1-17　问卷来源地理分布图
　　　　（图片来源：问卷星）

IP归属省份（因变量）和与新疆传统村落的关系（自变量）进行交叉综合区分显示如下：

受访者IP归属省份与新疆传统村落关系表　　　　　　　　　　表1-2

	本地乡民	本地游客	区内游客	区外游客	其他	小计
北京	2（15.38%）	0（0.00%）	1（7.69%）	1（7.69%）	9（69.23%）	13
甘肃	0（0.00%）	1（3.45%）	3（10.34%）	17（58.62%）	8（27.59%）	29
贵州	0（0.00%）	0（0.00%）	0（0.00%）	1（100%）	0（0.00%）	1
河北	0（0.00%）	0（0.00%）	0（0.00%）	0（0.00%）	1（100%）	1
河南	0（0.00%）	0（0.00%）	2（66.67%）	1（33.33%）	0（0.00%）	3
吉林	0（0.00%）	0（0.00%）	0（0.00%）	0（0.00%）	1（100%）	1
江苏	0（0.00%）	0（0.00%）	0（0.00%）	2（100%）	0（0.00%）	2
上海	0（0.00%）	0（0.00%）	1（100%）	0（0.00%）	0（0.00%）	1
四川	1（11.11%）	0（0.00%）	4（44.44%）	1（11.11%）	3（33.33%）	9
新疆	56（20.29%）	34（12.32%）	32（11.59%）	34（12.32%）	120（43.48%）	276

表格来源：作者绘制

按IP归属省份（因变量）和从事职业的关系（自变量）进行交叉综合区分显示如下：

受访者IP省份与职业关系表　　　　　　　　　　表1-3

	务农	国内企业	外资企业	事业单位	政府单位	自由职业	学生	其他	小计
北京	0（0.00%）	1（7.69%）	0（0.00%）	2（15.38%）	0（0.00%）	1（7.69%）	8（61.54%）	1（7.69%）	13
甘肃	1（3.45%）	0（0.00%）	0（0.00%）	0（0.00%）	0（0.00%）	0（0.00%）	28（96.55%）	0（0.00%）	29
贵州	0（0.00%）	0（0.00%）	0（0.00%）	0（0.00%）	0（0.00%）	0（0.00%）	1（100%）	0（0.00%）	1
河北	0（0.00%）	0（0.00%）	0（0.00%）	1（100%）	0（0.00%）	0（0.00%）	0（0.00%）	0（0.00%）	1
河南	0（0.00%）	0（0.00%）	0（0.00%）	2（66.67%）	0（0.00%）	0（0.00%）	1（33.33%）	0（0.00%）	3
吉林	0（0.00%）	0（0.00%）	0（0.00%）	0（0.00%）	0（0.00%）	0（0.00%）	0（0.00%）	1（100%）	1
江苏	0（0.00%）	0（0.00%）	0（0.00%）	0（0.00%）	0（0.00%）	0（0.00%）	2（100%）	0（0.00%）	2
上海	0（0.00%）	0（0.00%）	0（0.00%）	1（100%）	0（0.00%）	0（0.00%）	0（0.00%）	0（0.00%）	1
四川	0（0.00%）	1（11.11%）	0（0.00%）	3（33.33%）	0（0.00%）	3（33.33%）	0（0.00%）	2（22.22%）	9
新疆	0（0.00%）	1（0.36%）	1（0.36%）	46（16.67%）	7（2.54%）	7（2.54%）	198（71.74%）	16（5.80%）	276

表格来源：作者绘制

按受访者IP归属省份（因变量）和年龄的关系（自变量）进行交叉综合区分显示如下：

受访者IP省份与年龄关系表　　　　　　　　　　表1-4

	18岁以下	18～35岁	36～50岁	51～65岁	65岁以上	小计
北京	0（0.00%）	9（69.23%）	3（23.08%）	1（7.69%）	0（0.00%）	13
甘肃	0（0.00%）	28（96.55%）	1（3.45%）	0（0.00%）	0（0.00%）	29
贵州	0（0.00%）	1（100%）	0（0.00%）	0（0.00%）	0（0.00%）	1
河北	0（0.00%）	0（0.00%）	1（100%）	0（0.00%）	0（0.00%）	1
河南	0（0.00%）	2（66.67%）	1（33.33%）	0（0.00%）	0（0.00%）	3
吉林	0（0.00%）	1（100%）	0（0.00%）	0（0.00%）	0（0.00%）	1
江苏	0（0.00%）	2（100%）	0（0.00%）	0（0.00%）	0（0.00%）	2
上海	0（0.00%）	0（0.00%）	0（0.00%）	1（100%）	0（0.00%）	1
四川	0（0.00%）	6（66.67%）	3（33.33%）	0（0.00%）	0（0.00%）	9
新疆	7（2.54%）	226（81.88%）	25（9.06%）	18（6.52%）	0（0.00%）	276

表格来源：作者绘制

（二）受访者对新疆传统村落景观文化的总体认知度

意大利建筑大师阿尔多·罗西（Aldo Rossi）认为，对传统民居类型学的研究，可以发现它潜在的隐含信息，在对它的分类研究中能发现它内在的特点，能更准确地找到它的特色。[①]似乎任何一个城市，都存在一个由许多人意象复合而成的公众意象，或者说是一系列的公共意象，其中每一个都反映了相当一些市民的意象。如果一个人想成功地适应环境，与他人相处，那么这种群体意象的存在就十分必要，每一个个体的意象都有与众不同之处，其中有的内容很少，甚至是从未与他人交流过，但它们都接近于公共意象，只是在不同的条件下，公共意象多多少少，要么非常突出，要么与个体意象互相包容。这种分析自身受到客观的、可感知物体的影响。其他对可意象性的影响，比如地区的社会意义、功能历史，甚至它的名称，都将会被掩盖。因为此时的目的是要发掘形式自身的作用。人们想当然地认为在实际设计的过程中，形式应该用来对意蕴进行强化，而不是否定。迄今为止，我们对城市意象中物质形态研究的内容，可以方便地归纳为五种元素——道路、边界、区域、节点和标志物。[②]实际上，这些元素的应用更为普遍，它们总是不断地出现在各种各样的环境意象中，并且根据不同的客观对象而动态变化与发展。

受特定的气候特征、地理环境、文化背景等因素的影响，新疆传统村落景观具有鲜明的地域特色，特别是位于喀什的高台民居、和田的阿以旺、牧民毡房和井干式住宅等形态与风貌特征显著。通过研究发现，新疆传统民居建筑不是独立存在的，它受到了中原文化的影响，主要表现在形制格局、建筑材料、营造技艺、装饰艺术等方面。与河西走廊的城郭建筑和民居建筑相比较发现，新疆民居建筑艺术的发展与演变，是当地民众在了解本地地理现状、认识和改造自然环境的基础上，将中原营造文化本地化的结果。不可否认，自汉代以来，西域广大地区在不同历史时期受到了众多文化的影响。从现存遗址和传统村落民居建筑可以看出，新疆传统村落景观既有天人合一的华夏智慧，又有众多外来文化痕迹。由此可以断言，新疆地区的传统民居是中原、本地、外来等诸风格在该地特有自然和社会条件下融合演变的产物。

分析结果显示，对新疆传统村落景观总体风貌很满意的受访者为153人，占24.17%。持满意态度的受访者为247人，占39.02%。因此，为了确保精准施策和科学发展，将新疆传统村落进行分类研究显得尤为重要。

---

① ［意］阿尔多·罗西. 城市建筑学［M］. 北京：中国建筑工业出版社，2006.
② ［美］凯文·林奇. 城市意象［M］. 方益萍，何晓军，译. 北京：华夏出版社，2001：35.

受访者对新疆传统村落景观文化的总体满意度分析

表1-5

要素/选项	很不满意	不满意	一般	满意	很满意
总体风貌	7（2.08%）	4（1.19%）	31（9.23%）	132（39.29%）	162（48.21%）
景观格局	8（2.38%）	4（1.19%）	33（9.82%）	133（39.58%）	158（47.02%）
村落边界	7（2.08%）	2（0.6%）	37（11.01%）	128（38.1%）	162（48.21%）
节点景观	7（2.08%）	5（1.49%）	32（9.52%）	124（36.9%）	168（50%）
标志性景观	7（2.08%）	2（0.6%）	41（12.2%）	125（37.2%）	161（47.92%）
建筑形制	8（2.38%）	2（0.6%）	38（11.31%）	135（40.18%）	153（45.54%）
建筑装饰艺术	7（2.08%）	2（0.6%）	31（9.23%）	137（40.77%）	159（47.32%）
公共环境景观	8（2.38%）	4（1.19%）	35（10.42%）	129（38.39%）	160（47.62%）
庭院空间景观	7（2.08%）	4（1.19%）	32（9.52%）	132（39.29%）	161（47.92%）

表格来源：作者绘制

受访者对新疆平原地区传统村落景观文化的满意度分析

表1-6

要素/选项	很不满意	不满意	一般	满意	很满意
总体风貌	8（2.38%）	3（0.89%）	32（9.52%）	132（39.29%）	161（47.92%）
景观格局	7（2.08%）	4（1.19%）	37（11.01%）	125（37.2%）	163（48.51%）
村落边界	7（2.08%）	3（0.89%）	36（10.71%）	135（40.18%）	155（46.13%）
节点景观	7（2.08%）	3（0.89%）	43（12.8%）	123（36.61%）	160（47.62%）
标志性景观	7（2.08%）	4（1.19%）	38（11.31%）	130（38.69%）	157（46.73%）
建筑形制	8（2.38%）	4（1.19%）	37（11.01%）	130（38.69%）	157（46.73%）
建筑装饰艺术	8（2.38%）	5（1.49%）	31（9.23%）	128（38.1%）	164（48.81%）
公共环境景观	8（2.38%）	7（2.08%）	40（11.9%）	126（37.5%）	155（46.13%）
庭院空间景观	7（2.08%）	3（0.89%）	40（11.9%）	129（38.39%）	157（46.73%）

表格来源：作者绘制

受访者对新疆丘陵地区传统村落景观文化的满意度分析

表1-7

题目/选项	很不满意	不满意	一般	满意	很满意
总体风貌	6（1.79%）	2（0.6%）	36（10.71%）	134（39.88%）	158（47.02%）
景观格局	7（2.08%）	5（1.49%）	42（12.5%）	122（36.31%）	160（47.62%）
村落边界	6（1.79%）	2（0.6%）	47（13.99%）	130（38.69%）	151（44.94%）
节点景观	6（1.79%）	6（1.79%）	45（13.39%）	119（35.42%）	160（47.62%）
标志性景观	7（2.08%）	3（0.89%）	42（12.5%）	129（38.39%）	155（46.13%）
建筑形制	6（1.79%）	5（1.49%）	38（11.31%）	129（38.39%）	158（47.02%）
建筑装饰艺术	7（2.08%）	5（1.49%）	38（11.31%）	124（36.9%）	162（48.21%）
公共环境景观	6（1.79%）	8（2.38%）	39（11.61%）	123（36.61%）	160（47.62%）
庭院空间景观	7（2.08%）	4（1.19%）	39（11.61%）	129（38.39%）	157（46.73%）

表格来源：作者绘制

在以趋吉避害、因地制宜为前提的背景下，新疆地区广大传统村落逐渐彰显出地域特色明显的村落景观文化。但是随着近现代社会的发展，新疆传统村落也经历了不少浩劫和历史发展机遇。随着城市化进程的加快和乡村振兴战略的稳步推进，广大传统村落景观得到了空前保护和更新发展。尽管如此，乡村的底色依然存在，村庄的规模以及建设和谐宜居的人居环境，依然遵循因地制宜、因时制宜、科学发展、天人合一原则。各方面条件比较优越的传统村落的规模在原有基础上有所扩大，部分小规模的自然村也依然有民众因故土难离而长期生活于此。

综上所述，通过大数据调研和SPSS分析，将受访者对新疆传统村落景观文化中的各个景观类型要素与新疆丘陵地区传统村落景观对应的变量分析统计结果进行比较，从宏观上对其进行了准确的比较分析和把握。很明显，受访者对新疆传统村落景观文化的认知度比较高，近年来传统村落景观保护与传承工作的辛劳得到公众的认可，这与新疆16个传统村落被列为中国历史文化名村相符。虽然统计数据反映出受访者对新疆传统村落景观整体情况的满意度较高，但是在分类研究时，变量因子所反映的情况也比较明显。同时，也对研究者做更为深入细致的研究提出了相应要求。

（三）受访者对新疆丘陵地区传统村落景观的认知度

聚落形态本身就是符号，具有象征性。虽然在现实当中很少有能够俯瞰聚落全貌的视点。但是特殊的聚落形态所散发出的强烈能量，能够使形态作为表象特征深深地印在人们的脑海里。[①]

通常情况下，公众对一个地区的传统村落景观的认知主要根据一定的常识，结合自己的实践体验进行判断，景观停留于常识性认知层面，的确是公众主流认知。随着科学技术的发展，社会的进步，以及当地民众对景观与文化意识的接受和理解，自己也乐于积极提升自身的知识水平和认知层次。虽然部分受访者并非人居环境科学相关专业人士，但是对同一事物的理解和认知却有着专业的见解。

作为研究的主要对象，新疆丘陵地区的传统村落景观有着深厚的历史文化底蕴，丰富的营造文化，科学与人文气质俱佳的村落景观文化，这种村落景观文化哺育、护佑着当地的民众。对于新疆丘陵地区传统村落景观文化研究，仅从感官与体验的视角进行研究相对比较单薄，也稍显业余。只有以人居历史文化为研究背景，以现象学、类型学、统计学等方法为主要方法，从历史的视角

---

① ［日］滕井明. 聚落探访［M］. 宁晶，译. 北京：中国建筑工业出版社，2003：46.

对其进行开掘，鸟瞰的视角进行整体把握，脉络式地对其景观格局等进行综合把握，注重主体与客体、心理与认知、图像与精神、数据与统计的角度进行具体分析，进而得出实证结论。

1. 对新疆丘陵地区传统村落整体风貌的满意度分析

风貌，泛指一个地方的人文特征和地质风貌。传统村落景观整体风貌主要指具有一定历史遗存的乡村人居环境聚落，经过历代的繁衍生息，逐渐凝结而成并彰显出的总体性气质与风骨。村落景观风貌具有强烈的意象性，是衡量村落景观品质的重要指标之一。正如凯文·林奇（Kevin Lynch）所说，一个清晰的意象可以使人方便迅速地迁移。但事实上一个有秩序的环境能够带来的益处更多，它提供了更宽广的参照系，是行为、信仰和知识的组织者。如同任何好的结构，有秩序的环境给人们提供了选择的可能性，是获取更多信息的起点。总之，对环境的清晰意象是个体成长的必要基础。

由于真实的物体很少是有序或是显而易见的，但经过长期的接触熟悉之后，心中就会形成有个性和组织的印象，找寻某个物体可能对某个人十分简单，而对其他人如同大海捞针。另一方面，那些第一眼便能确认并形成联系的物体，并不是因为对它的熟悉，而是因为它符合观察者头脑中早已形成的模式。另外，新鲜事物的结构和个性通常十分鲜明，因为它们具有体现和影响自身形式的惊人物质特征。[①]一个整体生动的物质环境能够形成清晰的意象，同时充当一种社会角色，组成群体交往活动记忆的符号和基本材料。许多原始部落有代表性的神话故事的场景都十分惊人，战争中孤独的士兵相互交流时，最初也最容易谈到的就是对"家乡"的回忆。[②]

一处好的传统村落景观风貌能够使拥有者在感情上产生十分重要的安全感，能由此在自己与外部世界之间建立协调的关系，它是一种与迷失方向之后的恐惧相反的感觉。这意味着，最甜美的感觉是家，不仅熟悉，而且与众不同。事实上，一处独特、可读的景观不但能带来安全感，而且也扩展了人类经验的潜在深度和强度。尽管在一个形象混乱的现代城市是可能的，但如果是在一个生动的环境中，同样的日常活动必定会有崭新的意义。

通过图1-18可以看出，村落景观整体风貌古朴，仍保留着传统的院落与用地格局，建筑风貌清晰可辨。大多数村落还保留有比较集中的民居建筑，这些建筑主要以生土、土木混合、砖构等营建而成。这些传统村落主要集中在天山廊道的丘陵地区，民居的屋顶结构与所处地区纬度和经济条件有一定的关系。村落分布区域相对比较广泛，有的坐落于丘陵沟谷地带，有的坐落于丘陵缓坡地带，还有的在山梁或者陡坡峭壁之上。这些村落都有自己的景观个性和

① ［美］凯文·林奇. 城市意象［M］. 方益萍，何晓军，译. 北京：华夏出版社，2001：5.
② ［美］凯文·林奇. 城市意象［M］. 方益萍，何晓军，译. 北京：华夏出版社，2001：3.

鄯善县吐峪沟乡麻扎村　　　哈密市回城乡阿勒屯村　　　哈密市五堡镇博斯坦村　　　特克斯县喀拉达拉镇琼库什台村

阿克陶县克孜勒陶乡艾杰克村　布尔津县禾木哈纳斯蒙古民族乡禾木村　喀纳斯景区铁热克提乡白哈巴村　木垒哈萨克自治县照壁山乡河坝沿村

木垒哈萨克自治县西吉尔镇水磨沟村　木垒哈萨克自治县西吉尔镇屯庄子村　木垒哈萨克自治县英格堡乡街街子村　木垒哈萨克自治县英格堡乡马场窝子村

木垒哈萨克自治县英格堡乡英格堡村　木垒哈萨克自治县英格堡乡月亮地村　民丰县萨勒吾则克乡喀帕克阿斯干村　奇台县大泉塔塔尔族乡大泉湖村

图1-18　新疆传统村落景观整体
　　　　风貌组图（图片来源：
　　　　作者绘制）

区域共性。共性主要体现在小范围内地貌、村落营造所需的材质、水土和植被、营造文化的相同而具有十分近似的特点。个性主要体现在同一地域不同的区位条件和经济条件所致。尽管大部分村落的民居庭院以合院形式为主，但经济条件好的村落主体建筑则为三开间以上规模为主，注重建筑装饰艺术；条件一般的区域则以三开间为主，装饰性和工艺性较弱，甚至屋顶以密梁生土屋顶为主。如民丰县萨勒吾则克乡喀帕克阿斯干村深入塔里木盆地，比尼雅遗址还靠近盆地中部。尽管四周有植被包被，也有农田种植，但是一年四季大部分时间都受沙尘天气侵扰。相比较而言，喀纳斯的白哈巴村、禾木村，以及特克斯县喀拉达拉镇琼库什台村主要以牧业为主，四季景色宜人，环境优美。木垒哈萨克族自治县的传统村落主要集中分布于万亩旱田之中，村内民居依山势排列，村中民居多以清代、民国时期的传统土木结构为主。尽管部分历史建筑已残破不堪，但民居建筑的整体格局相对明晰，依然能够从中领略到当年的景观意象与如今的年代感。古村内的道路呈现不规则的棋盘式布局，层次分明，不同宽窄的道路则表达出不同的生活韵味。随着社会的发展与进步，村落人口密度出现下降，传统生活方式又重新焕发活力。月亮地村规模比较大，依缓坡沟谷地势而布置，奠定了古村的空间形态基础。街巷两侧房屋顺势而建，更添沧桑古村的魅力。[①]

对新疆丘陵地区传统村落景观总体风貌满意度调查统计　　表1-8

	很不满意	不满意	一般	满意	很满意	小计
务农	0（0.00%）	0（0.00%）	0（0.00%）	1（100%）	0（0.00%）	1
国内企业	0（0.00%）	0（0.00%）	1（33.33%）	1（33.33%）	1（33.33%）	3
外资企业	0（0.00%）	0（0.00%）	0（0.00%）	0（0.00%）	1（100%）	1
事业单位	1（1.82%）	1（1.82%）	13（23.64%）	26（47.27%）	14（25.45%）	55
政府单位	0（0.00%）	0（0.00%）	2（28.57%）	2（28.57%）	3（42.86%）	7
自由职业	1（9.09%）	1（9.09%）	0（0.00%）	6（54.55%）	3（27.27%）	11
学生	4（1.68%）	0（0.00%）	18（7.56%）	89（37.39%）	127（53.36%）	238
本地乡民	2（3.39%）	1（1.69%）	10（16.95%）	22（37.29%）	24（40.68%）	59
本地游客	0（0.00%）	0（0.00%）	6（17.14%）	14（40%）	15（42.86%）	35
区内游客	0（0.00%）	1（2.33%）	3（6.98%）	22（51.16%）	17（39.53%）	43
区外游客	0（0.00%）	0（0.00%）	4（7.02%）	23（40.35%）	30（52.63%）	57
其他	4（2.82%）	0（0.00%）	13（9.15%）	53（37.32%）	72（50.70%）	142
18岁以下	0（0.00%）	0（0.00%）	2（28.57%）	3（42.86%）	2（28.57%）	7
18～35岁	5（1.82%）	0（0.00%）	20（7.27%）	104（37.82%）	146（53.09%）	275
36～50岁	1（2.94%）	1（2.94%）	10（29.41%）	18（52.94%）	4（11.76%）	34
51～65岁	0（0.00%）	1（5%）	4（20%）	9（45%）	6（30%）	20
65岁以上	0（0.00%）	0（0.00%）	0（0.00%）	0（0.00%）	0（0.00%）	0
高中及以下	0（0.00%）	0（0.00%）	0（0.00%）	4（80%）	1（20%）	5
大专	5（2.79%）	1（0.56%）	11（6.15%）	70（39.11%）	92（51.40%）	179
本科	0（0.00%）	0（0.00%）	16（13.56%）	41（34.75%）	61（51.69%）	118
研究生及以上	1（2.94%）	1（2.94%）	9（26.47%）	19（55.88%）	4（11.76%）	34

表格来源：作者绘制

[①] 王建强．冀南地区传统村落改造与保护重建规划设计研究［D］．邯郸：河北工程大学，2015．

根据调查与分析统计结果可以看出，受访者对景观总体风貌的认知与理解有一定的区别和联系。"人人都是哲学家"在这些统计数据中展现得淋漓尽致。受访者对新疆传统村落景观整体风貌的满意度的理解与评价结果是一个平均值，具有一定的综合性。可能与每一位受访者或者对新疆传统村落景观有着深切体验的民众不同，造成不同结果的主要原因在于阅历、经历、学识等综合因素。为了进一步探索研究整理，将受访者进行了工作单位性质、年龄、学历、与新疆的具体关系进行变量分解与细分，得出的结果和数据对研究做了进一步证实。

2. 对新疆丘陵地区传统村落景观格局的满意度分析

格局，即格律与布局。景观格局，一般是指其空间格局，即形态各异的景观要素在空间上的排列和组合，包括景观组成单元的类型、数目及空间分布与配置，比如不同类型的斑块可在空间上呈随机型、均匀型或聚集型分布。它是景观异质性的具体体现，又是各种生态过程在不同尺度上作用的结果。景观生态学中的格局是指空间格局，广义地讲，它包括景观组成单元的类型、数目以及空间分布与配置。例如，不同类型的缀块可在空间上呈随机型、均匀型或聚集型分布。[1]景观结构的缀块特征、空间相关程度以及详细格局特征可通过一系列数量方法进行研究。与格局不同，过程强调事件或现象的发生、发展的动态特征。[2]而村落景观格局既有生态学意义上的空间格局和景观斑块的具体空间分布，又具有时间上的延展性和连续性。可以说村落景观格局具有强烈的时空特征，而这种时空特征既能够从影响其形成特征的思想意识形态进行区分，也能够从景观尺度上进行比较与量化。

广义地讲，尺度是指在研究某一物体或现象时所采用的空间或时间单位，同时又可指某一现象或过程在空间和时间上所涉及的范围和发生的频率。前者是从研究者的角度来定义尺度，而后者则是根据所研究的过程或现象的特征来定义尺度。尺度可分为空间尺度和时间尺度。此外，组织尺度主要是指在由生态学组织层次（如个体、种群、群落、生态系统、景观等）组成的等级系统中的相对位置（如种群尺度、景观尺度等）。[3]

在传统聚落当中，聚落空间构成的图解被形象化。每个民族、部族都拥有它们各自固有的空间概念，聚落景观如何诠释了它所处的自然环境，聚落的设计者如何巧妙地利用空间概念去构筑社会环境等，对于所有这些解读的深度和设计者的构思都记述在地表的平面图上。[4]部族以外的人之所以能够从视觉上认知聚落的空间构成的图解，是因为从空间构成的图解里可以看到几何学的秩序。当我们看到传统聚落，被它洗练的景观所感动时，这种感觉决不是单纯地来自于时间的流逝和乡愁。对于经历了数百年岁月的变迁，已经成为风景中一部分的聚落来说，自有它作为聚落共同体，历经数百年间延续下来的历史证据。[5]新疆丘陵地区传统村落的景观格局，是村落人居环境心理、行为、认知的具体反映与表达；是当地民众在不断改造和适应当地环境的结果，在这历久弥新的传统村落中，景观格局就是村落风骨体现的最好例证。

在对新疆传统村落景观整体风貌进行调查分析研究的基础上，很明显可以感受到村落景观格局是景观整体风貌的主要因素之一。然而景观格局的

---

① 王振锡. 天山北坡森林景观特征研究 [D]. 乌鲁木齐：新疆农业大学，2003.
② 邬建国. 景观生态学——格局、过程、尺度与等级 [M]. 北京：高等教育出版社，2000：11.
③ 同上.
④ [日] 滕井明. 聚落探访 [M]. 宁晶，译. 北京：中国建筑工业出版社，2003：20.
⑤ 同上.

鄯善县吐峪沟乡麻扎村	哈密市回城乡阿勒屯村	哈密市五堡镇博斯坦村	特克斯县喀拉达拉镇琼库什台村
阿克陶县克孜勒陶乡艾杰克村	布尔津县禾木哈纳斯蒙古民族乡禾木村	喀纳斯景区铁热克提乡白哈巴村	木垒哈萨克自治县照壁山乡河坝沿村
木垒哈萨克自治县西吉尔镇水磨沟村	木垒哈萨克自治县西吉尔镇屯庄子村	木垒哈萨克自治县英格堡乡街街子村	木垒哈萨克自治县英格堡乡马场窝子村
木垒哈萨克自治县英格堡乡英格堡村	木垒哈萨克自治县英格堡乡月亮地村	民丰县萨勒吾则克乡喀帕克阿斯干村	奇台县大泉塔塔尔族乡大泉湖村

具体形成背景同样有很多因素构成。正如诺伯舒兹（Christian Norberg-Schulz）所认为的场所结构并不是一种固定而永久的状态。一般而言场所是会变迁的，有时甚至非常剧烈。不过这并不意味场所精神一定会改变或丧失。[①]事实上，保护和保存场所精神意味着以新的历史脉络，将场所本质具体化。我们也可以说场所的历史应该是其"自我的实现"。一开始的可能性，经由人的行为所点燃并保存于"新与旧"的建筑作品中。因此一个场所包含了具有各种不同变异的特质。[②]可以说，传统村落对于世居于当地的民众来说，就是身体的寓所、精神的载体与情感的归宿，即场所精神。一开始场所是以一种既有的且透过自发性经验的整体性呈现出来，最后经过对空间及特性的观点分析之后便像是一个结构世界，这种结构如基因染色体，在物质结构的基础上，承载着表达形象特征的隐性基因密码。

图1-19　新疆传统村落景观格局组图（图片来源：作者绘制）

---

① ［挪威］诺伯舒兹. 场所精神——迈向建筑现象学［M］. 施植明，译. 武汉：华中科技大学出版社，2010：18.
② 同上。

新疆丘陵地区传统村落保存相对比较完整，大部分是清代古建筑，也有部分民居建筑是新中国成立以后修建的。尽管部分新修院落相对古民居比较新，但是营造技艺基本与过去一致，经过多年的更新与适应，新老民居院落的融合度较好，呈现出良好的景观风貌特征，同时又很好地延续着村落的景观格局。新疆丘陵地区传统村落景观格局体现了该区域独有的历史与文化传统。

田野调查发现，新疆丘陵地区的传统村落主要由民居庭院和少部分开放式空间构成。而庭院又属于合院式布局，具有较强的封闭性，公共空间的布局主要以街巷为统领，以村落主要出入口为边界，将主要的功能性景观节点串连起来，具有较强的物质性和简约性。主要功能性景观为村落入口、民俗与礼仪空间、文化广场和街巷节点等，是乡村中人们活动与交流逐渐形成的场所。调研中发现，如今区域内保存较完整的传统村落街巷，因道路两旁的房屋建筑风格统一，最终形成了独具一格的街巷景观。传统村落的路网通常随着地势状况自然展开并不断扩展，从而形成独具特色的村落风貌特征，加之人们通过行走所产生的对传统村落的视觉感受和心理感受，影响了人们对传统村落环境的基本认知。

对新疆丘陵地区传统村落景观格局满意度调查统计表　　　　　　　　表1-9

	很不满意	不满意	一般	满意	很满意	小计
务农	0（0.00%）	0（0.00%）	0（0.00%）	1（100%）	0（0.00%）	1
国内企业	0（0.00%）	0（0.00%）	1（33.33%）	0（0.00%）	2（66.67%）	3
外资企业	0（0.00%）	0（0.00%）	0（0.00%）	0（0.00%）	1（100%）	1
事业单位	1（1.82%）	2（3.64%）	20（36.36%）	18（32.73%）	14（25.45%）	55
政府单位	0（0.00%）	0（0.00%）	3（42.86%）	2（28.57%）	2（28.57%）	7
自由职业	1（9.09%）	1（9.09%）	1（9.09%）	5（45.45%）	3（27.27%）	11
学生	5（2.10%）	2（0.84%）	14（5.88%）	89（37.39%）	128（53.78%）	238
本地乡民	3（5.08%）	3（5.08%）	10（16.95%）	19（32.20%）	24（40.68%）	59
本地游客	0（0.00%）	0（0.00%）	6（17.14%）	13（37.14%）	16（45.71%）	35
区内游客	0（0.00%）	1（2.33%）	7（16.28%）	18（41.86%）	17（39.53%）	43
区外游客	0（0.00%）	1（1.75%）	4（7.02%）	19（33.33%）	33（57.89%）	57
其他	4（2.82%）	0（0.00%）	15（10.56%）	53（37.32%）	70（49.30%）	142
18岁以下	0（0.00%）	0（0.00%）	1（14.29%）	3（42.86%）	3（42.86%）	7
18~35岁	6（2.18%）	2（0.73%）	20（7.27%）	101（36.73%）	146（53.09%）	275
36~50岁	1（2.94%）	2（5.88%）	14（41.18%）	12（35.29%）	5（14.71%）	34
51~65岁	0（0.00%）	1（5%）	7（35%）	6（30%）	6（30%）	20
65岁以上	0（0.00%）	0（0.00%）	0（0.00%）	0（0.00%）	0（0.00%）	0
高中及以下	0（0.00%）	0（0.00%）	1（20%）	3（60%）	1（20%）	5
大专	6（3.35%）	3（1.68%）	10（5.59%）	68（37.99%）	92（51.40%）	179
本科	0（0.00%）	0（0.00%）	16（13.56%）	40（33.90%）	62（52.54%）	118
研究生及以上	1（2.94%）	2（5.88%）	15（44.12%）	11（32.35%）	5（14.71%）	34

表格来源：作者绘制

根据调查与分析统计结果可以看出，公众对景观格局的认知与理解既有共同性又有较大的区别。通过不同视角对受访者进行分类比较分析可以看出，与对景观总体风貌相比较，受访者对传统村落景观格局的满意度均偏低。造成不同结果的主要原因既有受访者的阅历、经历、学识等综合因素而不同，还有一个重要原因即该地区传统村落景观格局确实比较一般。在生产力相对较低的封建农耕社会，紧凑的村落联排合院式布局，经天纬地的棋盘式景观格局，庭院内部种植落叶大乔木是当时比较满意的村落与民居布局。随着社会的发展，人们的生产生活方式发生着巨大的转变，作为游客和受访者，更多地是从旅游和欣赏的维度去体验当地传统村落的景观格局。作为研究者，则需要去田野实践，真实体验，实证分析。

图1-20　阿克苏市柯坪县阿恰勒镇维吾尔传统村落景观（图片来源：张禄平拍摄）

图1-21　昌吉州木垒哈萨克族自治县西吉尔镇传统村落景观（图片来源：刘晶拍摄）

　　　　　　　　　　　　　　　　　　　　　　新疆传统村落景观图说

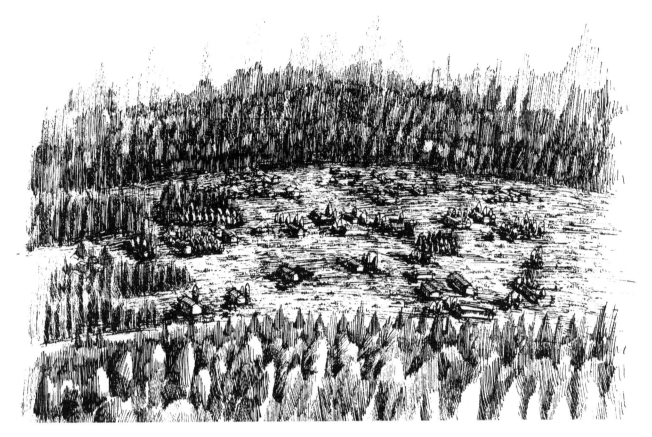

图1-22　阿勒泰地区布尔津县禾
木村传统村落景观（图
片来源：作者绘制）

3. 对新疆丘陵地区传统村落边界的满意度分析

村落边界，即村落景观边界。景观边界理论的借鉴是指在特定时空尺度下，相对均质的景观之间所存在的异质性过渡区域。依据中国传统风水理论进行营造的传统村落，有着较强的天人合一性，其村落景观边界具有一定的围合感、渗透感和模糊性。

村落边界的渗透性和模糊性，即村落景观要素与场地具有明确与暧昧之分。作为区分村落内外的边界，显而易见的有围栏、绿植、院墙、水沟等，哈密市回城乡阿勒屯村则具有一定的防御功能，并且设置有门楼，目的在于保护回王府。与这些硬性的建筑相对的还有一些模糊不清的村落边界，没有专门设置城墙或堡垒，有可能就是一些植被。村落边界并没有用具体的线或面明确地划分出来，村落边界只有村落内部的民众才能觉察得到。可以说，村落本身也有边界不明确的时候，比如沟谷地带的离散型传统村落，村落边界漫无边际地不断延伸，边界处于暧昧的状态。但是，看不到村落边界的只有村落以外的人，本村民众可以很准确地把握村落的区域范围。

图1-23 和田地区墨玉县喀尔赛镇传统村落中的水渠景观（图片来源：赵佳易绘制）

　　任何人为场所最明显的特征就是被围合，其特性和空间的特质系取决于围合的具体形态，围合形成的空间有着强烈的场域感。大到城市、集镇，小到具体的私人庭院和个体空间皆是如此。围合可以是非常完全或不很完全，开口部和隐含的方向性都可能存在，场所的包容性便因而有所不同。围合主要表示一个特殊的区域借建筑边界从周遭中分离出来。包围也可能出现在比较不严格的造型中。譬如密集簇群元素中，连续的边界是含蓄而非强烈地显现，"围合"甚至可以由地表质感的变化创造出来。①

　　新疆传统村落主要集中在天山廊道沿线。在历史上，该地区的村落民众主要是明清时期陕西、甘肃两省的移民，沿丝绸之路新北道散布于周边绿洲地区，主要任务是屯垦戍边。因历史的原因，长期受到其他部族的袭扰，因此部分村落有着较强的防御功能。与内地乡村相比，新疆传统村落总体的密度相对较低，各家庭院的规模较大，比较松散。村落边界与周围环境融合度高，透通性强。既有与外界联络的明确诉求，同时又具有独立完善的基本功能。可以说，古代城市的营造有内城和外城之分，新疆的部分传统村落也有此营造理念。随着社会的稳定和经济社会的发展，部分村民对主要村庄道路边界进行拓展修建，则彰显出村落边界的延展性和模糊性。新修民居院落在选址修建时，更多地采用因地制宜原则，而且这些院落更多地将"散院"向"合院"发展，体现出民居庭院的开放与包容。

① ［挪威］诺伯舒兹. 场所精神——迈向建筑现象学［M］. 施植明，译. 武汉：华中科技大学出版社，2010：59.

图1-24　昌吉州奇台县半截沟镇传统村落景观（图片来源：作者拍摄）

　　新疆丘陵地区地形也复杂多样，大致分为深丘陵、浅丘陵、丘陵沟谷三大类型。规模比较大的传统村落主要集中在山梁和缓坡上，便于村落格局纵横交错发展；而沟谷地带的村落相对比较狭长，景观格局基本是沿沟谷发展。不同地区的聚落边界有着不同的形态特征和具体功能。

图1-25　和田地区墨玉县阿克萨拉依乡传统村落中的道路景观（图片来源：张鉴绘制）

从形态学视角对新疆丘陵地区传统村落边界进行分析可以看出，木垒哈萨克族自治县传统村落大部分属于沟谷合院型。与哈密市、鄯善县等地相比，村落规模较小，村落景观格局有相对比较集中的区域，但是近一半的区域民居院落分布相对松散、自由。民居庭院相对比较开敞，其防御功能较其他地区而言比较弱。新疆丘陵其他地区传统村落则比较密集、紧凑，可能与聚族而居、趋吉避害有着一定的关系。

很明显，新疆丘陵地区传统民居院落在选址布局、建造技术、建筑材料选择等方面的重要因素被该地区竖向不断变换的地形地貌、水资源分布等自然地理环境所限定，从而影响着新疆传统民居院落空间的形态和尺寸。地理环境对于民居院落的影响表现在新疆丘陵地区高低起伏的地形特征直接影响人们对场地的认知和使用，建筑院落的地形对院落形制及大小有直接的决定作用。新疆丘陵地区传统院落空间的形态结构与地貌特征之间必然存在着联

对新疆丘陵地区传统村落景观边界满意度调查统计表　　　　　表1-10

	很不满意	不满意	一般	满意	很满意	小计
务农	0（0.00%）	0（0.00%）	0（0.00%）	1（100%）	0（0.00%）	1
国内企业	0（0.00%）	0（0.00%）	1（33.33%）	1（33.33%）	1（33.33%）	3
外资企业	0（0.00%）	0（0.00%）	0（0.00%）	0（0.00%）	1（100%）	1
事业单位	1（1.82%）	1（1.82%）	13（23.64%）	26（47.27%）	14（25.45%）	55
政府单位	0（0.00%）	0（0.00%）	2（28.57%）	2（28.57%）	3（42.86%）	7
自由职业	1（9.09%）	1（9.09%）	0（0.00%）	6（54.55%）	3（27.27%）	11
学生	4（1.68%）	0（0.00%）	18（7.56%）	89（37.39%）	127（53.36%）	238
本地乡民	2（3.39%）	1（1.69%）	10（16.95%）	22（37.29%）	24（40.68%）	59
本地游客	0（0.00%）	0（0.00%）	6（17.14%）	14（40%）	15（42.86%）	35
区内游客	0（0.00%）	1（2.33%）	3（6.98%）	22（51.16%）	17（39.53%）	43
区外游客	0（0.00%）	0（0.00%）	4（7.02%）	23（40.35%）	30（52.63%）	57
其他	4（2.82%）	0（0.00%）	13（9.15%）	53（37.32%）	72（50.70%）	142
18岁以下	0（0.00%）	0（0.00%）	2（28.57%）	3（42.86%）	2（28.57%）	7
18~35岁	5（1.82%）	0（0.00%）	20（7.27%）	104（37.82%）	146（53.09%）	275
36~50岁	1（2.94%）	1（2.94%）	10（29.41%）	18（52.94%）	4（11.76%）	34
51~65岁	0（0.00%）	1（5%）	4（20%）	9（45%）	6（30%）	20
65岁以上	0（0.00%）	0（0.00%）	0（0.00%）	0（0.00%）	0（0.00%）	0
高中及以下	0（0.00%）	0（0.00%）	0（0.00%）	4（80%）	1（20%）	5
大专	5（2.79%）	1（0.56%）	11（6.15%）	70（39.11%）	92（51.40%）	179
本科	0（0.00%）	0（0.00%）	16（13.56%）	41（34.75%）	61（51.69%）	118
研究生及以上	1（2.94%）	1（2.94%）	9（26.47%）	19（55.88%）	4（11.76%）	34

表格来源：作者绘制

系。从本质上说，这种缘地性来自于民居院落中空间与场所相结合的地域作用力。这种作用力在新疆丘陵地区数量众多的民居院落中得到体现，塑造了该地区的传统民居院落景观风貌。

根据调查与分析统计结果可以看出，因新疆地域广袤，伊犁、阿勒泰、哈密、和田、昌吉等地区所处地理位置的特殊性，地理环境气候差别很大，当地民众的生产生活方式截然不同。受访者也不一定都去过这些地区，故而公众对村落边界的认知与理解有一定的区别，进而影响受访者对新疆传统村落边界的满意度理解与评价。从不同视角对受访者分类比较可以看出，与对景观总体风貌、景观格局相比较，受访者对传统村落边界的满意度部分偏低。造成不同结果的主要原因既有受访者的阅历、经历、学识等综合因素，还有一个重要原因即受访者对景观边界的重视程度不够。在村落景观边界方面，与内地丘陵地区传统村落民居庭院最大的区别在于新疆大部分传统村落庭院是围栏式，具有一定的象征性区分意味，而不是内地的高墙封闭院落。和田地区的民居院落比较厚重严实，抵御沙尘等恶劣天气而采用的一种应对方式。天山深处的牧业村落每家每户采取散落方式存在，自然环境就是人居环境，草场的区分也仅仅打桩用钢丝分隔。从大部分传统村落的景观边界看，新疆传统村落整体景观边界具有多样性，与自然地理环境紧密相关，如盆地中部的传统村落的景观边界基本从村落外围的防护林带可以明显区分；牧业村的传统村落景观边界的渗透性、融合性很大，基本难以区分；昌吉州的传统村落基本以农业生产方式为主，尤其是木垒哈萨克自治县的传统村落分散于十余万亩旱田之中，这里的民众大部分是明清时期由内地迁入，擅长于农业种植，其村落的选址、营造、装饰以及生活方式等都保留着河西走廊人居文化的重要痕迹，其村落景观边界与老家比较接近，这也是中华人居文化沿丝绸之路传播的重要例证之一。

4. 对新疆丘陵地区传统村落节点景观的满意度分析

节点景观，即景观的节点，是景观视线汇聚的地方，具有一定的连接性和突出性。景观节点作为整个景观轴线上比较突出的景观点，能够吸引周边的视线，从而突出该点的景观效果，起到一定的画龙点睛作用。一般的村落景观规划设计项目都会有多个节点，突出各个部分的特色同时也把全局串连在一起，更好地体现出设计者的意图，对景观主题有着重要的诠释和支撑作用。在景观的统领性、概念性、场所精神表达方面，节点景观从属于标志性景观。

传统村落是人工智慧与大自然共同作用的结果。传统村落的节点景观因村落所处地理环境、具体位置和村落总体布局的不同而相异。节点景观本身也具有多义性特征，正是因为这一特征，才能更好地打破人为分类的界限，相互渗透与融合，体现出传统村落的道法自然，这也符合传统村落是人工智慧与自然环境共同作用这一论点。

图1-26 巴州焉耆县七个星镇霍拉
山村文化活动广场一角
（图片来源：作者拍摄）

图1-27 伊犁州特克斯县传统村
落旅游民宿景观（图片
来源：曲艺民拍摄）

　　　　新疆传统村落景观图说

节点景观在传统村落中，也是比较重要的景观，民众在建造时，也会投入大量的人力、物力和财力。节点景观既具有较强的可识别性，又具有清楚的景观意象特征。可见，生动的综合的物质环境具有清晰的印象，同时它也产生社会作用，它是符号的原材料，也为群体交往提供了一个共同回忆的基础。古往今来，优秀的传统村通常是许多部落创造社会传说的基础，正如战争时期士兵之间开始最易谈及的共同话题就是对家乡的回忆。因此，良好的节点景观环境印象给它的拥有者重要的感情庇护，人们因而能与外部环境相协调，与迷路时的恐惧心理相反。当某人不仅熟悉自己的家，而且还有鲜明的印象时，一种甜蜜的家庭感便油然而生。①

图1-28 和田地区墨玉县雅瓦乡传统村落庭院经济景观营造现场（图片来源：作者拍摄）

图1-29 新疆建设兵团农六师新湖农场传统村落景观（图片来源：作者拍摄）

---

① [美] 凯文·林奇. 城市意象 [M]. 方益萍，何晓军，译. 北京：华夏出版社，2001：4.

新疆丘陵地区传统村落大多集中在天山廊道沿线，特征明显的有喀纳斯景区的禾木村、白哈巴村，木垒哈萨克族自治县的月亮地村等。新疆丘陵地区传统村落在特殊的地形和历史文化条件下经过几百年的发展形成了其特有的村落景观文化。

新疆丘陵地区传统村落主要构成景观要素为民居建筑庭院，因地广人稀，各家院落占地都比较大。民居院落处于半封闭状态，庭院内外景观交互渗透，融为一体。新疆丘陵地区传统村落的景观节点主要集中在道路、街巷的交叉口处，因地形的不同又各具特征。传统村落街巷空间在满足基本功能需求的情况下，由于处在相对比较平缓的环境中，其地形地貌主要作为远景式背景存在。调研发现，新疆丘陵地区传统村落中外部道路岔口为"丁"字形，内部道路岔口为"十"形。少部分村落因地势的差别导致街巷的曲折，道路岔口也都均有不同程度的错位。

随着社会的发展，新疆丘陵地区传统村落景观也在不断地自我革新。比如，近年来，在进行传统村落景观整治时，考虑到游客的游览路线、时长和休憩的问题，一些村落根据自身情况进行村落保护与更新设计，其中对节点景观的保护、重塑，开辟休憩空间花了大量的心血。如新疆丘陵地区传统村落尽量创造小微节点景观，加入民俗文化要素。这种小微节点景观空间占地较小，具有一定的标识性，部分规模较大的村落的节点景观场地规模较大，类似小微文化广场，还提供一些康养健身设施，以供村民日常活动使用。可见，清晰的可识别的节点景观环境不仅给人们以安全感而且还增强人们内在体验的深度和强度。虽说人们并非不能在相对破旧的传统村落中生活，但如有一种更动人的环境，同样的生活将会获得新的意义。可以说，乡村本身就是一个相对复杂社会的有力象征，如果它有良好的景观形象，就会有更强的表现力。

对新疆丘陵地区传统村落节点景观满意度调查统计表　　表1-11

	很不满意	不满意	一般	满意	很满意	小计
务农	0（0.00%）	0（0.00%）	0（0.00%）	1（100%）	0（0.00%）	1
国内企业	0（0.00%）	1（33.33%）	1（33.33%）	0（0.00%）	1（33.33%）	3
外资企业	0（0.00%）	0（0.00%）	0（0.00%）	0（0.00%）	1（100%）	1
事业单位	1（1.82%）	3（5.45%）	18（32.73%）	17（30.91%）	16（29.09%）	55
政府单位	0（0.00%）	0（0.00%）	3（42.86%）	2（28.57%）	2（28.57%）	7
自由职业	1（9.09%）	1（9.09%）	2（18.18%）	4（36.36%）	3（27.27%）	11
学生	4（1.68%）	1（0.42%）	19（7.98%）	88（36.97%）	126（52.94%）	238
本地乡民	2（3.39%）	3（5.08%）	11（18.64%）	19（32.20%）	24（40.68%）	59
本地游客	0（0.00%）	0（0.00%）	7（20%）	11（31.43%）	17（48.57%）	35
区内游客	0（0.00%）	1（2.33%）	7（16.28%）	18（41.86%）	17（39.53%）	43
区外游客	0（0.00%）	2（3.51%）	6（10.53%）	19（33.33%）	30（52.63%）	57
其他	4（2.82%）	0（0.00%）	14（9.86%）	52（36.62%）	72（50.70%）	142
18岁以下	0（0.00%）	0（0.00%）	1（14.29%）	5（71.43%）	1（14.29%）	7
18~35岁	5（1.82%）	1（0.36%）	24（8.73%）	97（35.27%）	148（53.82%）	275
36~50岁	1（2.94%）	4（11.76%）	15（44.12%）	10（29.41%）	4（11.76%）	34
51~65岁	0（0.00%）	1（5%）	5（25%）	7（35%）	7（35%）	20
65岁以上	0（0.00%）	0（0.00%）	0（0.00%）	0（0.00%）	0（0.00%）	0
高中及以下	0（0.00%）	0（0.00%）	1（20%）	3（60%）	1（20%）	5
大专	5（2.79%）	2（1.12%）	14（7.82%）	68（37.99%）	90（50.28%）	179
本科	0（0.00%）	0（0.00%）	16（13.56%）	37（31.36%）	65（55.08%）	118
研究生及以上	1（2.94%）	4（11.76%）	14（41.18%）	11（32.35%）	4（11.76%）	34

表格来源：作者绘制

根据调查与分析统计结果可以看出，受访者对新疆传统村落节点景观的满意度理解与其他景观类型评价结果相比部分偏低，这也是新疆传统村落景观的一个典型现象，与内地传统村落景观相比较，新疆传统村落景观的节点景观主要以自然景观要素为主，人造景观相对较少，并且当地民众更多地认为人与环境是自然和谐的关系，而不应该过多的改造。阿克陶县克孜勒陶乡艾杰克村、布尔津县禾木哈纳斯蒙古民族乡禾木村、喀纳斯景区铁热克提乡白哈巴村主要以牧业为主，村落没有明显的人工边界，院落没有严实的围墙，房屋材料也主要以天山雪松（云杉）为主，建造成井干式住宅，牲畜圈也用原木简单围栏，充分体现出诗意地栖居之感。通过不同视角对受访者进行分类比较分析可以看出，与对景观总体风貌、景观格局、村落边界相比较，受访者对传统村落节点景观的满意度部分偏低。可能造成不同结果的主要原因有受访者的阅历、经历、学识等综合因素，但是不可否认，新疆丘陵地区传统村落的节点景观相对来说比较单一，或者是不太突出，调研数据结果需要引起重视。在规模比较大，特色比较鲜明的传统村落，还需要有一定数量的节点景观和标志性景观等。

　　5. 对新疆丘陵地区传统村落标志性景观的满意度分析

　　标志性景观指某一区域、某一场所中位置显要、形象突出、公共性强的人工建筑物或自然景观或历史文化景观，它能体现所处场所的特色，对周围一定范围内的环境具有辐射和控制作用，融合相应的人文价值，经时间的沉淀，成为人们辨别方位的参照物和对某一地区记忆的象征。[①]

　　在乡村景观中，"标志性景观"根据其位置和分布具有不同的含义。"标志性景观"的设置和布局使场地空间正式化和秩序化，因此，可以给"标志性景观"赋予固有的含义。例如形状、比例、装饰、颜色等，"标志性景观"已经成为重要的符号。为了使"标志性景观"发挥符号作用，必须首先要获得人们的共识，更有必要弄清村内外"标志性景观"的特殊地位。在村子里，体量大，形态特征具有排他性的标志性的景观装置与设施，它不可避免地具有强烈的象征性。规模极大或极小的东西除了对视觉产生冲击力之外，同时也向公众炫耀着它卓越的技术。为了彰显村落的格局、地位，部分村落总是追求更加高大、更加宏伟的标志性景观，并且将它们摆放在最为引人注目的位置。这种现象不仅仅是在城镇、村落中出现，民居建筑庭院也是如此。如民众在建筑物的顶部和入口处总能看到功能以外的夸张的造型和装饰。为了区别于其他建筑物，在柱头以及檐口等部位强调奇特的造型，是主张独特性的最合适的部位。拥有在其他村落看不到的建筑要素也能突出村落自身的独特性。[②]

① 江五七，郑斌. 马文化在旅游业中的深度开发研究——以黄海养马岛为例［J］. 农业考古，2011（04）：448-456.
②［日］藤井明. 聚落探访［M］. 宁晶，译. 北京：中国建筑工业出版社，2003：33.

图1-30 巴州焉耆县七个星镇霍拉山村村落入口景观（图片来源：作者拍摄）

图1-31 昌吉州木垒哈萨克族自治县西吉尔镇传统村落景观（图片来源：刘晶拍摄）

图1-32 阿克苏市柯坪县阿恰勒镇村落中的鸟窝景观（图片来源：张禄平拍摄）

图1-33　吐鲁番市鄯善县吐峪沟
　　　　乡麻扎村建筑景观（图
　　　　片来源：作者绘制）

传统村落标志性景观的存在与发展，具有一定的客观性和因人性。

传统村落中的标志性景观是当地民众经过多年的选择与传承的结果。虽然民众处于金字塔的最低端，但确实构成整个社会的基本细胞单元，全国各地的广大乡村，基本都具有此种特质。新疆丘陵地区也是如此，如哈密市、昌吉市、吐鲁番市的传统村落虽然同属于新疆，但是在相同的地区背景下，一个乡镇的不同村落也存在着形态迥异的传统村落格局，如吐峪沟麻扎村的沟谷合院型村落和合院聚集型村落的景观格局与特征有着较大差别，景观材质与营造工艺更是如此。"一方水土养一方人"也可以用于与之相匹配的传统村落景观，即"一方水土造一方景"。

传统村落中的标志性景观同样有着统领性的仪式感。重要性、标志性、符号性、主体性、概念性都可以用来扩展标志性景观的定义。无论远到伦敦的伊丽莎白塔，纽约的自由女神像，还是近处北京的天安门，上海的东方明珠塔，甚至川西羌藏的碉楼，每一个城市、地区或村寨，都有着自己所在场域的标志性景观。这种标志性景观既有历史的沉淀，也有着强烈的宗教仪式感，这种仪式感不是客观事物与生俱来的，而是人们主观附加上去的。造成此种情况的原因有很多，但是对于广大传统村落中的标志性景观来说，更多的是一种庇护、保佑与精神寄托。

当然，同一地区有着不同的文化，不同地域有着相近的文化，进而造成场所中的标志性景观有着和而不同的客观存在价值和精神象征。对新疆丘陵地区传统村落中的标志性景观进行分类比较，既是对客观存在的梳理与分析，更是科学地对具有强烈场所精神的标志性景观进行实证研究的价值所在。通过对新疆丘陵地区传统村落的田野调查与分类整理发现，新疆传统村落的标志性景观主要集中在村落入口标识景观、文化活动中心、水塔、通讯塔等方面。

村落入口标识景观是村落主要街巷的端头节点景观，有的村落是镌刻有村落名称的景观石，有的是原木修葺的门楼，有的是土地庙，只是规模偏小，形制与装饰艺术更加乡土与淳朴。因新疆与甘肃相毗邻，有着悠久的历史渊源，村落中的景观建筑符号与甘肃民居有着内在的联系。

文化活动中心是传统村落居民户外活动的主要场所。由于新疆丘陵地区的传统村落以及长期以来相对封闭和自给自足的传统地方村落中存在着同族聚居，以及宗教的综合影响，血缘等因素，当地基本上没有供村民专用的公共活动和娱乐场所建设。20世纪90年代以来，尤其是在社会主义新农村建设和美丽乡村建设事业全面推进的当下，新疆的每个行政村均修建了村民文化活动中心等公益性建筑场地与附属设施。调研发现，在日常生活中，村落里的家家户户基本都是大门敞开，人际关系和行为方式与城市有着根本上的不同，广大乡村的文化与艺术公益事业发展形势稳健，品质也有显著提升。

对新疆丘陵地区传统村落标志性景观满意度调查统计表　　　　　　　　　表1-12

	很不满意	不满意	一般	满意	很满意	小计
务农	0（0.00%）	0（0.00%）	0（0.00%）	1（100%）	0（0.00%）	1
国内企业	0（0.00%）	0（0.00%）	2（66.67%）	0（0.00%）	1（33.33%）	3
外资企业	0（0.00%）	0（0.00%）	0（0.00%）	0（0.00%）	1（100%）	1
事业单位	1（1.82%）	2（3.64%）	16（29.09%）	21（38.18%）	15（27.27%）	55
政府单位	0（0.00%）		2（28.57%）	2（28.57%）	3（42.86%）	7
自由职业	1（9.09%）	1（9.09%）	2（18.18%）	4（36.36%）	3（27.27%）	11
学生	5（2.10%）	0（0.00%）	18（7.56%）	93（39.08%）	122（51.26%）	238
本地乡民	3（5.08%）	2（3.39%）	9（15.25%）	20（33.90%）	25（42.37%）	59
本地游客	0（0.00%）	0（0.00%）	7（20%）	12（34.29%）	16（45.71%）	35
区内游客	0（0.00%）	1（2.33%）	5（11.63%）	20（46.51%）	17（39.53%）	43
区外游客	0（0.00%）	0（0.00%）	9（15.79%）	19（33.33%）	29（50.88%）	57
其他	4（2.82%）	0（0.00%）	12（8.45%）	58（40.85%）	68（47.89%）	142
18岁以下	0（0.00%）	0（0.00%）	2（28.57%）	2（28.57%）	3（42.86%）	7
18~35岁	6（2.18%）	0（0.00%）	22（8%）	106（38.55%）	141（51.27%）	275
36~50岁	1（2.94%）	2（5.88%）	14（41.18%）	13（38.24%）	4（11.76%）	34
51~65岁	0（0.00%）	1（5%）	4（20%）	8（40%）	7（35%）	20
65岁以上	0（0.00%）	0（0.00%）	0（0.00%）	0（0.00%）	0（0.00%）	0
高中及以下	0（0.00%）	0（0.00%）	0（0.00%）	4（80%）	1（20%）	5
大专	6（3.35%）	1（0.56%）	11（6.15%）	70（39.11%）	91（50.84%）	179
本科	0（0.00%）	0（0.00%）	18（15.25%）	41（34.75%）	59（50%）	118
研究生及以上	1（2.94%）	2（5.88%）	13（38.24%）	14（41.18%）	4（11.76%）	34

表格来源：作者绘制

根据调查与分析统计结果可以看出，公众对标志性景观的认知与理解，既有共同性又有较大的区别。受访者对新疆传统村落标志性景观的满意度理解与评价结果，与其他类型相比略微偏高。通过不同视角对受访者进行分类比较分析可以看出，与对景观总体风貌、景观格局、村落边界、节点景观相比较，受访者对传统村落标志性景观的满意度略微偏高。从调研结果可以看出，新疆丘陵地区传统村落的总体风貌给受访者留下了深刻印象，满意度较高，反映其基础比较好，有着良好的价值基础。根据前文研究结果发现，受访者对节点景观和标志性景观的满意度相对较低，尤其是学历层次比较高的受访者的满意度不到60%，这既是新疆丘陵地区传统村落景观的发展机遇，同时公众对发展的品质也提出了相应地要求。在田野调查的过程中，研究者发现很多传统村落出现了严重的空心化现象，也存在年久失修和破损严重的问题。在美丽乡村建设和全域旅游背景下，新疆丘陵地区传统村落的发展必将迎来良好发展机遇，通过分析与调查可以更加精准地建设标志性景观，为新疆丘陵地区传统村落景观的整治与发展起到品质提升作用。

6. 对新疆丘陵地区传统村落建筑形制的满意度分析

建筑形制，即建筑的主要形态样式与制式布局。形态样式作为一种结构样式和风格存在，既有显性特征，又有隐性因素存在，均受历史背景、地域文化特征、实用功能和心理诉求等方面的影响；制式布局同样也是一种存在方式，这种半显隐存在方式既是形态样式存在的基础，又直接制约着形态样式的存在，并且能够造成建筑形态样式有开放、半开放、私密等多种形式存在。

在中国古代建筑形制发展与研究方面，建筑形制主要在平面布局方面进行演变与发展，屋顶形式基本都在相应地范围内变化。随着社会的发展和技术的进步，尤其是在近代社会以来，国内外建筑在纵向和立面布局有了较大转变，拓宽了建筑形制存在的空间。通过对古建筑的修复和传统村落的发展，这些建筑景观不但在物质形态上有时空感的存在，在场域传承与精神发展方面也有了质的飞跃。

传统村落的建筑形制与村落自身景观格局有着密切的逻辑关系。既有形式逻辑的存在，又有着自我革新的特质存在。比如新疆丘陵地区传统村落的景观格局既是对中国传统的"经天纬地"的营造观的继承，又与西方建筑理论中的形式逻辑相符合。天圆地方与秀外慧中的合院式建筑是村落景观的主要景观构成单元。通过因山就势的方式对其进行空间矩阵布局，最终营建成的丘陵地区传统村落景观，既有中国优秀历史文化的传承性，又有西方建筑数理逻辑性。

在传统社会，个人只能在村落环境中才能够得以生存。脱离集体就意味着隐居或者是成为流浪者。为了表达整个集体个性的差异，相对地淡化集体内部的个性化就成为一种必要。它与外部不同，可以以内部同质为背景来建立。为了强调与其他部族居住区的区别，除了居住区内部特殊的"事物"之外，居住区内部还必须具有相同的颜色，材料和样式，并且必须经常保持相同的性质。尽管这些是从乡村景观的角度进行讨论的，但是如果更详细地查看乡村景观的内部，则"建筑形式"的大小、材料、构造、装饰、颜色等在内部也将保持一致。同一类，并且各类之间也存在细微的差异。这种差异表现出内部阶级的不同，即使在同一个阶级的内部，氏族以及家庭的不同也同样存在有微妙的差别。聚落是具有多重差异性的建筑形制构造。以这种差异性为基础来说明相互之间的包含关系，可以延伸到民族、地区、国家。①

通常情况下，公众对场所的理解擅长运用二元论进行评价，其实这里面存在着重大缺陷。毕竟很多事情，尤其是历史长河中传承下来的村落景观与建筑文化，不一定就能够简单机械地用非黑即白的评价标准，采用一刀切的方式就能够正确理解。村落的发展，在不同的时空下，其物质性、功能性、精神性都在不断的转变。在进行调查、分析、比较、判断的时候，必须运用相关知识进行综合考量，才能够得到相对合理的答案。毕竟经世致用的研究成果，不是把孤立的经验研究个案撮合在一起就了事。这样的个案做得过多，有时反而适得其反。譬如，有关民居建筑问题的研究文献可谓卷帙浩繁，但大都变得百无一用。对于连学者都无法阅尽的文献，学生和执业建筑师就更是无暇顾及。即便能悉数读完，也难以透彻理解。再说，谁又记得住呢？或许舍此弊端的最佳途径就是发展诠释性理论。②演绎和推进诠释性理论，需要一个漫长的过程，这超过了个人能力所及的程度，只有凭借群体的力量才能完成。但在入手之前，先要明确一些必要的条件，及时掌握一些最低限度的基本材料。这是指自1969年环境行为学正式诞生以来所积累起来的研究资料。要着手揭示环境行为的模式和规律，就必须解读这些资料。而以研究和提出学说来解释这些资料，正是诠释性理论的滥觞。③

在国外，对建筑存在的基础——空间理论研究方面，海德格尔（Martin Heidegger）最早提出了"存在是空间性的"这一论点，他说："不能把人和空间割裂开来。空间既不是外部对象，也不是内部体验。人与空间是不能分开考虑的……"。海德格尔在《存在与时间》中就已强调过人的空间的存在性，他说所有的"存在"都是用来说明日常行走、工作时所发现或环视的情况的，而不是被观察空间所测定而确认的记录。于是他得出结论："诸空间是从场所来领会其存在的，而不是从所谓'空间'来领会的"。海德格尔从这一论点出发，展开了"居住"理论的探讨，他说："在住处存在着人与场所的联系"、"能居

① ［日］滕井明. 聚落探访［M］. 宁晶，译. 北京：中国建筑工业出版社，2003：60.
② ［美］阿摩斯·拉普卜特. 文化特性与建筑设计［M］. 常青，张昕，张鹏，译. 北京：中国建筑工业出版社，2004.
③ 同上.

图1-34　昌吉州玛纳斯县六户地
镇梁干村民居建筑形制
（图片来源：作者拍摄）

住才能开始营建"、"居住是存在的根本特性"。①从更专业的角度看，要使习以
为常的论据范围扩大起来，就要向前迈出四大步（或"延展"）。第一步是把
环境的所有类型整个地考虑进来，这包括史前的、史载的、结绳记事的部落社
会，土生土长的民俗环境，以及自发形成的聚落环境等，并将其纳入专家们更
青睐的领域（风雅环境）。第二步是将古往今来的文化都纳入观察的视野。第
三步是把握历史的跨度（不仅仅是千百年来的西方传统）。这意味着回到史前，
回到建成环境与文化进化的源头。第四步则包含着整个的环境，而不局限于孤
立的建筑物。②简而言之，应综合考虑社会文化和物质因素。此外，决不能先
验或任意地认为对环境的任意更改（任何设计都意味着对环境的更改）是一种
改进。

---

① ［挪威］诺伯格·舒尔兹. 存在·空间·建筑［M］. 尹培桐，译. 北京：中国建筑工业出
版社，1990：16.
② ［美］阿摩斯·拉普卜特. 文化特性与建筑设计［M］. 常青，等译. 北京：中国建筑工业
出版社，2004.

图1-35 喀什地区喀什市高台民
居建筑景观（图片来源：
作者绘制）

图1-36 喀什地区喀什市高台民
居建筑临街景观（图片
来源：作者绘制）

图1-37　昌吉州吉木萨尔县东湾镇民居建筑景观（图片来源：作者绘制）

新疆丘陵地区传统村落民居建筑的平面大部分为合院式布局，和田地区因沙尘天气较为严重，当地传统村落主要以生土建筑为主，墙体高而厚实，院内呈小天井院落，能够有效阻止沙尘侵袭。天山廊道沿线的民居庭院占地较大，主屋三至五开间，主屋旁边建有停车房、厨房、牲畜圈等。院落的宽窄因地势而发生变化，大部分院落依地就势，起伏错落，因地制宜。比如哈密市的巴里坤县，历史上巴里坤经过历代中央驻防、屯垦及与西域经贸交往的过程中，中原汉民居建筑因其在工艺技术等方面的成熟和先进，以及这一地区集中了大量来自甘肃、陕西、山西等地的汉族居民，这些来自北方的移民，生活的气候与新疆比较相似，尤其是甘肃河西走廊一带的居民很适应新疆的气候环境。新疆除沙漠山区之外，利用生土营造居屋的现象几乎遍及全境。房屋习惯坐北朝南，向南一侧开窗，多用土坯砌筑，其余三面用干打垒的土墙。房屋通常为一明两暗三开间，卧室内都建有土炕，非常适合新疆当地寒冷的气候特征。此外，内地土质较坚实和呈酸性，故地

基的处理方式也不一样，甚至稍做基垫使大墙直接落地砌筑。又因内地雨水较多，为利于出水，房屋故多以坡屋顶处理屋盖的形式。但是新疆冬季长而大雪多、积雪厚，墙薄不御寒，而且雪后上屋扫雪时因带坡的屋面抵不住雪滑，而导致失足下坠的情况常有发生，因而在长期积累经验的情况下，将坡顶改为微坡，有些地区也建成平顶。新疆盐碱土质对墙根的销蚀性较强，因而外地迁入居民也逐渐加高地基，加强基础和勒脚的防潮，并做防盐碱的处理，其固有建筑形式逐渐变形为当地的高台基、平屋顶，已经具有了新疆本土化的特征。巴里坤是目前新疆古民居保存最为完整的地区，这些形式和结构完全汉式特色的深宅大院，最早的距今也有200多年的历史。现今保留下来的这些古民居集中布列在一条街道上，整体院落多为砖木架结构，大门门楼华丽，精雕细刻，门楣上装饰精美的门簪，是传统的四合院建筑，建筑分为祠堂、主室、书房、账房、厨房等。从建筑规模和装饰精美的程度可以看出，这些古民居的主人当时非官即商，都是有钱有地位的富户。[①]

① 李文浩. 清代以来东疆地区汉民居聚落文化的形成及其影响 [J]. 甘肃社会科学，2012（02）：190-193.

图1-38 阿勒泰地区布尔津县禾
木村传统村落民居建筑
（图片来源：作者绘制）

2019.10.18. 刘川冬

图1-39　阿克苏市柯坪县阿恰勒镇
传统村落民居建筑（图片
来源：张禄平拍摄）

图1-40　巴州焉耆县七个星镇霍
拉山村民居建筑景观
（图片来源：作者拍摄）

	很不满意	不满意	一般	满意	很满意	小计
务农	0（0.00%）	0（0.00%）	0（0.00%）	1（100%）	0（0.00%）	1
国内企业	0（0.00%）	0（0.00%）	2（66.67%）	0（0.00%）	1（33.33%）	3
外资企业	0（0.00%）	0（0.00%）	0（0.00%）	0（0.00%）	1（100%）	1
事业单位	1（1.82%）	2（3.64%）	14（25.45%）	23（41.82%）	15（27.27%）	55
政府单位	0（0.00%）	1（14.29%）	2（28.57%）	2（28.57%）	2（28.57%）	7
自由职业	1（9.09%）	1（9.09%）	1（9.09%）	5（45.45%）	3（27.27%）	11
学生	4（1.68%）	1（0.42%）	17（7.14%）	89（37.39%）	127（53.36%）	238
本地乡民	2（3.39%）	3（5.08%）	8（13.56%）	21（35.59%）	25（42.37%）	59
本地游客	0（0.00%）	0（0.00%）	4（11.43%）	15（42.86%）	16（45.71%）	35
区内游客	0（0.00%）	1（2.33%）	4（9.30%）	20（46.51%）	18（41.86%）	43
区外游客	0（0.00%）	0（0.00%）	8（14.04%）	21（36.84%）	28（49.12%）	57
其他	4（2.82%）	1（0.70%）	14（9.86%）	52（36.62%）	71（50%）	142
18岁以下	0（0.00%）	0（0.00%）	2（28.57%）	3（42.86%）	2（28.57%）	7
18～35岁	5（1.82%）	2（0.73%）	20（7.27%）	103（37.45%）	145（52.73%）	275
36～50岁	1（2.94%）	2（5.88%）	10（29.41%）	17（50%）	4（11.76%）	34
51～65岁	0（0.00%）	1（5%）	6（30%）	6（30%）	7（35%）	20
65岁以上	0（0.00%）	0（0.00%）	0（0.00%）	0（0.00%）	0（0.00%）	0
高中及以下	0（0.00%）	0（0.00%）	0（0.00%）	4（80%）	1（20%）	5
大专	5（2.79%）	3（1.68%）	11（6.15%）	69（38.55%）	91（50.84%）	179
本科	0（0.00%）	0（0.00%）	17（14.41%）	39（33.05%）	62（52.54%）	118
研究生及以上	1（2.94%）	2（5.88%）	10（29.41%）	17（50%）	4（11.76%）	34

表格来源：作者绘制

　　根据调查与分析统计结果可以看出，公众对建筑形制的认知与理解既有共同性又有较大的区别。从受访者对新疆传统村落建筑形制的满意度来看，总体数据较节点景观和标志性景观要高一些，但还是低于村落整体风貌的满意度。通过不同视角对受访者进行分类比较分析可以看出，受访者对新疆丘陵地区传统村落的民居建筑艺术还是持比较认可和乐观的态度，这与当地传统村落主要以民居建筑为主有着重要关系。从调研结果可以看出，新疆丘陵地区传统村落的民居建筑艺术给受访者留下了深刻印象，满意度比较高，反映出其环境基础比较好，有着良好的景观构成重要因素。虽然新疆民居主要以合院式布局和三开间的井干式原木建筑存在，具有较强的生态性和质朴感等特征，但是其平面布局和建筑立面，有着重要的建筑艺术价值。

　　7．对新疆丘陵地区传统村落建筑装饰艺术的满意度分析

　　建筑装饰艺术主要是指建筑物主体上的装饰元素和雕刻艺术，以及建筑物本身的装饰颜色、图案和构件。随着社会的发展，建筑装饰艺术的观念也在发生变化。中国古代建筑装饰艺术主要以彩绘和雕刻为

主，两者都有悠久的历史和民族特色。彩绘起到保护木材和美化建筑物的双重作用，而雕刻则使建筑物的形象生动而清新。

中国古代建筑非常注重建筑的色彩，《营造法式》对古建筑的用色有这样的描述："色调以蓝、绿、红三色为主，间以墨、白、黄。凡色之加深或减浅，用叠晕之法。"古建筑之所以如此重视色彩使用，与中国古建筑以木结构为主的特点是分不开的。因此，中国建筑很早就采用在木材上涂漆和桐油的办法，既可保护木质，同时又提高建筑美观性。中国历代匠师在建筑装饰中最敢于使用色彩，也最善于使用色彩。特别是在北方的宫殿、祠庙、寺观等建筑物中，大多都使用对比强烈、色调鲜明的色彩。例如，红墙黄瓦（或绿瓦、蓝瓦），朱红色门窗和立柱，衬托着绿树蓝天，再加上檐下的金碧彩画，银白色的台基和栏杆，使整个古建筑显得十分活泼，分外绚丽。

因各地的气候、习俗、风情等存在较大差别，在色彩运用上南北方也有很大差异。在北方，由于冬季比较寒冷，大自然色彩比较单调，艳丽的色彩可以为建筑物带来勃勃生机。但在南方，四季常青，山明水秀，为了使建筑的色彩与周围自然环境相调和，使用的色彩就相对要淡雅一些，建筑物一般常使用灰色、黑色等色彩，白墙灰瓦，栗、黑、墨色的梁架柱，形成清雅纯朴的格调，在炎热的夏天里给人一种清凉的感觉。

图1-41　吐鲁番市鄯善县吐峪沟乡传统村落民居建筑装饰
（图片来源：作者绘制）

图1-42 阿克苏市库车县传统村
落民居建筑装饰（图片
来源：作者绘制）

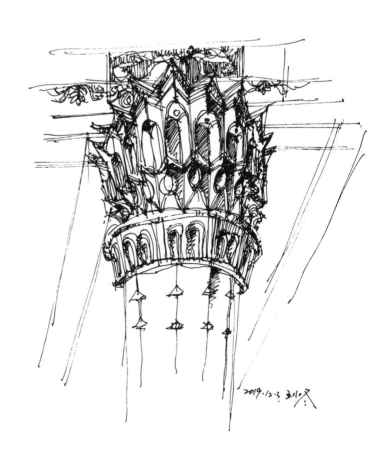

图1-43 伊犁州伊宁县传统村落
民居建筑装饰（图片来
源：作者绘制）

图1-44　和田地区墨玉县阿克萨拉依乡墩艾日克村民居建筑装饰（图片来源：王丹绘制）

图1-45　阿克苏市库车县"第一女子师范学校旧址"建筑装饰（图片来源：作者绘制）

新疆传统村落的建筑装饰艺术，与北方合院建筑装饰艺术很接近。主要以建筑装饰构件、雕刻、彩绘和纹饰为主。部分传统民居中的砖雕艺术，主要作为外观装饰，一般多用于门楼、门罩等外部空间，从功能上来讲它不怕风吹日晒、雨淋，又有很好的观赏性，从而受到人们的喜爱。这种多彩多姿的装饰大都安装在门楼两侧、屋脊、封火墙当面、门窗上部，内容多为戏剧人物故事及吉祥图案。一个个生动的民间故事反映了中华民族文化精髓与精神内涵及民俗趋向，具有独特的审美情趣。

新疆传统村落的建筑彩绘主要集中在祠堂和戏台等公共建筑上。此类建筑的绘画装饰主要有三类，即油彩画、水墨画、漆画。油彩画主要用于门楼、梁架、雀替、窗花的木雕构件上，使这些雕刻作品更具真实感、立体感，更富艺术效果；还可以保护木质，减少风雨剥蚀的影响。祠堂里这些木刻的历史故事、神话人物、花鸟虫鱼等，涂上这些艳丽的油彩，更显得栩栩如生，光彩夺目。水墨画主要用于藻井、照壁、窗户上方及横梁下、檐口处，有些画则直接画在祠堂的墙上。形状有条幅、斗方、扇面、圆或半圆等。内容大都是人物故事、花鸟山水等。在横梁下、檐口处，则往往描绘二方连续纹样、角隅纹样、龙形凤尾纹样。与油彩画相比，水墨画显得格外清新淡雅。漆画大都画在祠堂的大门上。大门高大、宽阔、厚实，朱漆为底，左右两扇大门绘制门神，门神分文臣武将。文臣魁梧睿智，武将高大威猛。门神的轮廓用棉花、石灰拌桐油捻成细长的绳状物粘合而成，形成有力的线条，显现出浮雕的效果。文臣的玉带、武将的铠甲则粘贴反光的金属，简直与真品无异。

调研发现，新疆丘陵地区的建筑装饰艺术主要集中在民居院落的院门和主体建筑檐口上。对于街巷联排式相对封闭的庭院来说，院门是家庭与外界交流的窗口，同时又是自我身份展示和艺术审美水平的重要载体。新疆丘陵地区传统乡村建筑的房屋大门具有独特的地域特色。它们通常建于明清时期，并且大多与倒座墙合建，因为它们大多数没有柱承重，檩条、额枋、普拍枋等木制构件，因此直接与砖连接到两侧的墙壁。因此，新疆的房屋门应属于传统门类别中最低的大门。总体来看，院门（宅门）是新疆丘陵地区传统村落民居建筑的重要组成部分，是建筑的主体性标志。其承担着交通组织、安全防卫、空间领域等基本功能需求外，也反映了屋主的身份、地位、经济水平、文化涵养等。其为传统文化的物质载体，包含着礼制观念，同时也是地域特色、技术工艺、生活方式、风俗文化和意识形态的集中体现。[①]但是院落内部空间的装饰艺术也不容忽视，如建筑主体门窗的砖石砌筑工艺、窗棂与门的雕刻、装饰、彩绘等，同样有着重要的装饰艺术效果和审美价值。

---

① 沈卓娅. 中国门文化特性的系统研究 [D]. 无锡：江南大学，2008.

	很不满意	不满意	一般	满意	很满意	小计
务农	0（0.00%）	0（0.00%）	0（0.00%）	1（100%）	0（0.00%）	1
国内企业	0（0.00%）	0（0.00%）	2（66.67%）	0（0.00%）	1（33.33%）	3
外资企业	0（0.00%）	0（0.00%）	0（0.00%）	0（0.00%）	1（100%）	1
事业单位	1（1.82%）	2（3.64%）	13（23.64%）	23（41.82%）	16（29.09%）	55
政府单位	0（0.00%）	0（0.00%）	2（28.57%）	2（28.57%）	3（42.86%）	7
自由职业	1（9.09%）	1（9.09%）	1（9.09%）	4（36.36%）	4（36.36%）	11
学生	5（2.10%）	1（0.42%）	17（7.14%）	87（36.55%）	128（53.78%）	238
本地乡民	3（5.08%）	3（5.08%）	9（15.25%）	19（32.20%）	25（42.37%）	59
本地游客	0（0.00%）	0（0.00%）	5（14.29%）	13（37.14%）	17（48.57%）	35
区内游客	0（0.00%）	1（2.33%）	3（6.98%）	19（44.19%）	20（46.51%）	43
区外游客	0（0.00%）	0（0.00%）	8（14.04%）	21（36.84%）	28（49.12%）	57
其他	4（2.82%）	1（0.70%）	13（9.15%）	52（36.62%）	72（50.70%）	142
18岁以下	0（0.00%）	0（0.00%）	1（14.29%）	4（57.14%）	2（28.57%）	7
18~35岁	6（2.18%）	2（0.73%）	21（7.64%）	99（36%）	147（53.45%）	275
36~50岁	1（2.94%）	2（5.88%）	12（35.29%）	14（41.18%）	5（14.71%）	34
51~65岁	0（0.00%）	1（5%）	4（20%）	7（35%）	8（40%）	20
65岁以上	0（0.00%）	0（0.00%）	0（0.00%）	0（0.00%）	0（0.00%）	0
高中及以下	0（0.00%）	0（0.00%）	1（20%）	2（40%）	2（40%）	5
大专	6（3.35%）	3（1.68%）	12（6.70%）	65（36.31%）	93（51.96%）	179
本科	0（0.00%）	0（0.00%）	15（12.71%）	41（34.75%）	62（52.54%）	118
研究生及以上	1（2.94%）	2（5.88%）	10（29.41%）	16（47.06%）	5（14.71%）	34

表格来源：作者绘制

根据调查与统计结果可以分析出，公众对建筑装饰艺术的认知与理解比较接近，主要原因在于新疆的民居建筑装饰艺术特色明显，为大众所知。从受访者对新疆传统村落建筑装饰艺术的满意度来看，总体数据较节点景观和标志性景观要高一些，但还是低于村落整体风貌的满意度。通过不同视角对受访者进行分类比较分析可以看出，受访者对新疆丘陵地区传统村落的民居建筑艺术的满意程度分化比较大，这与新疆不同地区村落营造材质与工艺有着重要关系。比如新疆地域辽阔，受访者对亲身经历过的村落或部分世居民族的少数村落比较了解，而对其他地区的传统村落不太了解而造成片面认知与理解的情况。总体来讲，调研结果显示，新疆丘陵地区传统村落的民居建筑艺术给受访者留下了深刻印象，反映出和而不同的特征，对于新疆保护和发展既有共性又有个性的传统村落景观有着重要意义。

8. 对新疆丘陵地区传统村落公共环境景观的满意度分析

公共环境景观，即与私家庭院相对，主要指用于公众使用，满足公众在生产生活中的各方面实用与情感需求的场所空间。公共环境空间在城市和乡

图1-46　和田地区墨玉县奎牙镇
　　　　喀拉艾日克村葡萄廊架
　　　　（图片来源：廖剑绘制）

图1-47　和田地区墨玉县奎牙镇
　　　　喀拉艾日克村公共环境
　　　　景观（图片来源：赵佳
　　　　男绘制）

图1-48　伊犁州伊宁县传统村落
公共环境景观（图片来
源：作者绘制）

图1-49　和田地区墨玉县阿克萨
拉依乡传统村落公共环
境景观（图片来源：作
者绘制）

图1-50 阿克苏市沙雅县努尔巴
格乡街道公共环境景观
（图片来源：作者绘制）

图1-51 吐鲁番市鄯善县吐峪沟
乡传统公共环境景观
（图片来源：作者绘制）

图1-52 阿克苏市柯坪县阿恰勒镇传统村落一角（图片来源：张禄平拍摄）

图1-53 伊犁州特克斯县传统村落旅游民宿景观（图片来源：曲艺民拍摄）

图1-54　昌吉州木垒哈萨克族自
　　　　治县西吉尔镇传统村落
　　　　景观（图片来源：刘晶
　　　　拍摄）

村存在的时空虽然不同，但是都是为公众所用，具有一定的相似性。只是在场地规模和具体形态方面有所区别。

　　传统村落中的公共环境景观，既有场地的公共属性，也有场地中客观事物的共有与共享价值属性。一般地讲，传统村落的入口景观、文化活动中心、寺庙、宗祠等均有此种属性。可以看出，这里能指的公共环境空间与之前分析的节点景观和标志性景观具有共同的所指对象。在这里需要澄清的是，景观本身的客观存在，或者说是毫无意义的，之所以被认为有意义，那是因为认知对象赋予了它意义。因此，从公与私的视角对其进行分析，主要目的在于揭示其共有与共享的基本属性，更好地服务于当地的公众，具有一定的社会意义与普遍价值。

　　新疆丘陵地区的传统村落公共环境景观，具有强烈的历史文化价值和共享价值。其历史价值既是对传统的继承，又是对历史的选择，更是对历史的创新与传承。共享价值主要表现在当地公共环境景观过去主要用于集会、自娱自乐，随着全域旅游的发展，这些公共环境景观既彰显出村落文化，又使游客置身其中，深度体验，尽量让自己完成瞬间穿越，回到历史年代，体验过去当地民众的生产生活方式与存在状态。可以说，新疆丘陵地区传统村落是历史文化的传承，公共环境景观就是其核心共存共享空间，此种景观已经从物质层面上升到了文化层面，进而成就场所之精神，达到物我一体，情景交融的境界。

　　新疆丘陵地区的公共环境景观主要从民居开始。住宅庭院以不同的形式进行排列和组合，形成群体和街道空间，然后群体街道和街道的延伸和叠加形成了村落公共空间景观的基本形式。最终，人们根据村庄的需求增加了可以满足村落大规模公共活动的公共空间景观。

　　新疆丘陵地区传统村落的主要特点是地形呈沟谷或缓坡状，民居建筑排布或相对密集或自由分散。部分汉族为主体的村落，早期建筑形制几乎统一，甚至村落中的祠堂、庙宇等公共建筑都保持着与住宅相似的形制，其中有些便是住宅改造而来。民居建筑不仅围合出了村落中最基本的庭院空间景观，然后通过大量民居建筑不同形式的排列、组合分划出了不同村落各自的村落景观格局。因民居建筑庭院的外部空间是村落街巷空间的重要组成部分，所以民居建筑庭院便是村落公共空间景观形成的基础。

常规地讲，一般传统村落是以主路为中心平行向周边发展。因为新疆丘陵地区传统村落的所在地形差异很大，草原、沟谷、绿洲有着截然不同的村落存在的大环境，但是民居庭院基本都与道路相连

接，只是距离和疏密关系有所不同。木垒哈萨克族自治县的中国历史文化名村数量大，占新疆总数的一半。这些村落的发展是以主路为中心的竖向发展，又因环境和社会因素的影响，村落选择宅基地往往会将丘陵或山地南坡作为首选，所以最终呈现出村落主要建筑、空间偏向主路北侧南坡布置的空间形态。其一般的发展模式为由自由形式或有序空间网络向中间过渡。木垒哈萨克族自治县的英格堡镇、西吉尔镇和照壁山镇均处于十万亩旱田地带，与隔壁奇台县半截沟镇的江布拉克景区有着一衣带水的关系。这些村落在发展初期，建筑围绕主路而

对新疆丘陵地区传统村落公共环境景观满意度调查统计表　　表1-15

	很不满意	不满意	一般	满意	很满意	小计
务农	0（0.00%）	0（0.00%）	0（0.00%）	1（100%）	0（0.00%）	1
国内企业	0（0.00%）	1（33.33%）	1（33.33%）	0（0.00%）	1（33.33%）	3
外资企业	0（0.00%）	0（0.00%）	0（0.00%）	0（0.00%）	1（100%）	1
事业单位	1（1.82%）	4（7.27%）	14（25.45%）	19（34.55%）	17（30.91%）	55
政府单位	0（0.00%）	0（0.00%）	3（42.86%）	2（28.57%）	2（28.57%）	7
自由职业	1（9.09%）	1（9.09%）	1（9.09%）	5（45.45%）	3（27.27%）	11
学生	4（1.68%）	1（0.42%）	18（7.56%）	89（37.39%）	126（52.94%）	238
本地乡民	2（3.39%）	2（3.39%）	10（16.95%）	20（33.90%）	25（42.37%）	59
本地游客	0（0.00%）	2（5.71%）	3（8.57%）	14（40%）	16（45.71%）	35
区内游客	0（0.00%）	1（2.33%）	7（16.28%）	16（37.21%）	19（44.19%）	43
区外游客	0（0.00%）	2（3.51%）	4（7.02%）	22（38.60%）	29（50.88%）	57
其他	4（2.82%）	1（0.70%）	15（10.56%）	51（35.92%）	71（50%）	142
18岁以下	0（0.00%）	0（0.00%）	1（14.29%）	4（57.14%）	2（28.57%）	7
18～35岁	5（1.82%）	2（0.73%）	24（8.73%）	98（35.64%）	146（53.09%）	275
36～50岁	1（2.94%）	5（14.71%）	10（29.41%）	14（41.18%）	4（11.76%）	34
51～65岁	0（0.00%）	1（5%）	4（20%）	7（35%）	8（40%）	20
65岁以上	0（0.00%）	0（0.00%）	0（0.00%）	0（0.00%）	0（0.00%）	0
高中及以下	0（0.00%）	0（0.00%）	1（20%）	3（60%）	1（20%）	5
大专	5（2.79%）	3（1.68%）	13（7.26%）	65（36.31%）	93（51.96%）	179
本科	0（0.00%）	0（0.00%）	16（13.56%）	41（34.75%）	61（51.69%）	118
研究生及以上	1（2.94%）	5（14.71%）	9（26.47%）	14（41.18%）	5（14.71%）	34

表格来源：作者绘制

建，但较为稀少，只有主路而没有支路。但是随着村落人口的增长，建筑数量的增大，支路的增多，渐渐形成了复杂有序的空间网络体系，最终形成村落的公共空间景观系统，月亮地村就是该地区传统村落的典型代表。

在新疆的丘陵地区，传统乡村的街道空间满足基本的功能要求。由于它位于复杂的山区环境中，因此其地形也是影响街道空间形状的重要因素。通常，村庄的主要和次要道路是平行于等高线的水平街道，用于连接水平空间，而支路垂直于等高线，用于连接纵向空间。村庄的主要道路，次要道路和支路共同构成了村庄公共通信空间的结构，连接了村庄的其他公共通信空间。沿天山走廊沿线的鄯善县吐峪沟麻扎村位于火焰山脚下的山谷中。地形通常平坦而宽敞，因此村庄的主要道路通常位于山谷的最低点，这是整个村庄空间的重心。住宅庭院也从主要道路的边缘发展到两侧的山坡，主干道承担着与村外空间的交流任务，同时它也是村落的重要公共空间景观，为村民的公共交流活动提供了场所。

新疆丘陵地区传统村落邻里空间的形成与村落的发展相互促进。第一，由于山区交通不便，村落的位置经常会考虑通达性，优先考虑的是在道路附近建造，然后开发道路。村落主要道路上的公共交流空间是在道路的基础上形成的，并受到村落建筑的限制。第二，一般在村落发展到一定规模后再修建村级次要道路和支路，其街道空间随着村落建筑物和道路的发展而出现。

根据调查与统计结果可以分析出，受访者对新疆传统村落公共环境空间的满意度较低，总体数据较节点景观、标志性景观、建筑形制、建筑装饰艺术都偏低，更是低于村落整体风貌的满意度。通过不同视角对受访者进行分类比较分析可以看出，受访者对新疆丘陵地区传统村落的公共环境空间的满意程度很低，这与研究者田野调查期间的体验感受一致。新疆丘陵地区传统村落的节点景观、标志性景观相对较弱，受访者对其的满意程度不高，而在过去的几百年里，该地区处于条件艰苦和人烟稀少的天山山脉，民众首先要解决的是生存问题。依据马斯洛（Abraham H. Maslow）需要层次论可以看出，安全需要在当时非常重要，人与人、村与村都很重要。因此，大杂居、小聚居的村落格局自然而然地生长。一个普通家庭院落都有数亩地之大，甚至不需要维护设施，没有特别强的领地争夺意识。

9. 对新疆丘陵地区传统村落庭院空间景观的满意度分析

庭院空间景观，即民居建筑院落景观，而且主要指庭院建筑围合起来的内部空间场所。庭院空间的规模、形制、布局、景观设施与植物景观等是构成庭院空间的重要组成部分。庭院空间景观不仅仅是客观物质性的存在，有着重要的生活民俗等人文景观特质。庭院空间景观有着较强的私人家庭专属性，相对公共空间景观而言，庭院景观有着重要的生活气息，有家族文化仪式感和场所气息。

图1-55　和田地区墨玉县阿克萨
　　　　拉依乡墩艾日克村民居
　　　　建筑庭院（图片来源：
　　　　王丹绘制）

图1-56　和田地区墨玉县阿克萨
　　　　拉依乡传统村落民居建
　　　　筑庭院（图片来源：晏
　　　　晶晶绘制）

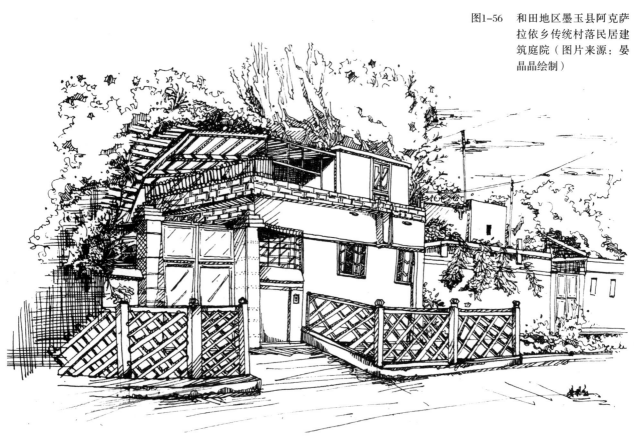

自18世纪末以来，有关城市规划和建筑设计的空间规模的研究和理论逐渐浮出水面。托伯特·哈姆林（Tobert Hamlin）的著作《建筑形式美的原则》将比例和尺度视为两个并列的主题。在尺度列于比例之后，该书还将人们对建筑尺度的印象分为三种类型。即超人的尺度，亲密的尺度，自然的尺度。国外对建筑的比例关系已做了大量的数据分析，理查德·帕多万（Richard Padovan）在《比例——科学、哲学、建筑》中针对建筑本身比例进行分析，而且讨论建筑学与自然的数学关系，程大锦（Frank D.K Ching）的《建筑·形式·空间和秩序》书中讨论比例和尺寸相互关联的话题，尺度是指某物比照参考标准或其他物体大小的尺寸，比例是指一个部分与另一个部分或整体之间的适宜或和谐的关系。日本建筑设计师芦原义信建立了"外部模数理论"，并提出适宜人的外部空间尺度设计理论。西特（Sine）在《城市艺术》中总结历史上的广场设计，提出适宜人的尺度。可以看出，国外从定量的分析建筑上空间比例尺度关系的研究也不在少数。[①]与公共环境景观空间相比，庭院空间景观是相对自主和私密的。对于普通大众，人们可以根据自己的喜好、个性、财力、信仰等独立建造。与该国其他地区一样，普通大众的勤奋智慧为当地的人居文化遗产作出了杰出贡献。

新疆丘陵地区传统村落庭院空间景观具有北方民居的特点与风格，主要是以砖木为材料的合院式院落。一方面由于新疆在清代前期属于甘肃省，受陕甘总督管理，清代陕甘两省人口向新疆流动者众多。近代以来，丝绸之路的长盛不衰和地域文化之间相互渗透，建筑形式与河西走廊的民居建筑形式十分接近，同时又具有关中民居的素朴与细腻之感。另一方面，因新疆地域广阔，地形多样而复杂，极为丰富的族群文化和营造技艺，独特的建筑文化和社会环境，形成了多样而独特的院落空间。

从传统村落景观庭院空间景观列表可以看出，新疆丘陵地区合院式民居空间要素集中反映了当地民居特点，具有浓郁的地域特色。平面类型反映出二维布局特色，空间类型体现了三维立体关系，笔者把新疆院落分为三种空间类型，即开敞空间、半开敞空间（过渡空间）和封闭的室内空间，三种空间类型对应整个院落中三种组成元素，包括庭院、建筑连廊和建筑实体。[②]庭院景观的各要素在尊重场地实际和中国传统礼乐文化的前提下，建筑实体空间、廊檐灰空间、庭院绿地空间相互影响，决定整个院落的平面形式及空间特色。尤其是庭院内的植物景观，最重要的是庭院内部的植物景观，对庭院空间边界、景观的融合度产生重要影响。新疆丘陵地区传统村落的庭院与北京四合院和东北民居院落相比规模较大，简朴有余而富贵不足，缺乏江南私家庭院的水景灵动

① 沈莉颖. 城市居住区园林空间尺度研究 [D]. 北京：北京林业大学，2012.
② 李海宏. 冀南地区传统民居院落空间研究 [D]. 邯郸：河北工程大学，2018.

图1-57　吐鲁番市鄯善县吐峪沟乡维吾尔传统村落庭院景观（图片来源：作者绘制）

图1-58　昌吉州木垒哈萨克族自治县西吉尔镇传统村落废旧庭院景观（图片来源：刘晶拍摄）

图1-59 昌吉州木垒哈萨克族自
治县西吉尔镇传统村落
庭院景观（图片来源：
刘晶拍摄）

图1-60 和田地区墨玉县阿克萨
拉依乡维吾尔传统村落
庭院景观（图片来源：
作者拍摄）

图1-61 阿克苏市柯坪县阿恰勒镇吐拉村庭院景观（图片来源：张禄平拍摄）

图1-62 巴州焉耆县七个星镇霍拉山村民居庭院中的多肉景观（图片来源：作者拍摄）

	很不满意	不满意	一般	满意	很满意	小计
务农	0（0.00%）	0（0.00%）	0（0.00%）	1（100%）	0（0.00%）	1
国内企业	0（0.00%）	1（33.33%）	1（33.33%）	0（0.00%）	1（33.33%）	3
外资企业	0（0.00%）	0（0.00%）	0（0.00%）	0（0.00%）	1（100%）	1
事业单位	1（1.82%）	3（5.45%）	15（27.27%）	20（36.36%）	16（29.09%）	55
政府单位	0（0.00%）	0（0.00%）	2（28.57%）	3（42.86%）	2（28.57%）	7
自由职业	1（9.09%）	0（0.00%）	2（18.18%）	5（45.45%）	3（27.27%）	11
学生	5（2.10%）	0（0.00%）	17（7.14%）	91（38.24%）	125（52.52%）	238
本地乡民	3（5.08%）	2（3.39%）	9（15.25%）	20（33.90%）	25（42.37%）	59
本地游客	0（0.00%）	1（2.86%）	6（17.14%）	13（37.14%）	15（42.86%）	35
区内游客	0（0.00%）	0（0.00%）	6（13.95%）	17（39.53%）	20（46.51%）	43
区外游客	0（0.00%）	1（1.75%）	6（10.53%）	21（36.84%）	29（50.88%）	57
其他	4（2.82%）	0（0.00%）	12（8.45%）	58（40.85%）	68（47.89%）	142
18岁以下	0（0.00%）	0（0.00%）	2（28.57%）	2（28.57%）	3（42.86%）	7
18～35岁	6（2.18%）	0（0.00%）	20（7.27%）	106（38.55%）	143（52%）	275
36～50岁	1（2.94%）	3（8.82%）	13（38.24%）	13（38.24%）	4（11.76%）	34
51～65岁	0（0.00%）	1（5%）	4（20%）	8（40%）	7（35%）	20
65岁以上	0（0.00%）	0（0.00%）	0（0.00%）	0（0.00%）	0（0.00%）	0
高中及以下	0（0.00%）	0（0.00%）	0（0.00%）	4（80%）	1（20%）	5
大专	6（3.35%）	0（0.00%）	13（7.26%）	69（38.55%）	91（50.84%）	179
本科	0（0.00%）	0（0.00%）	15（12.71%）	42（35.59%）	61（51.69%）	118
研究生及以上	1（2.94%）	4（11.76%）	11（32.35%）	14（41.18%）	4（11.76%）	34

表格来源：作者绘制

景观，但是这里的庭院空间更能够反映当地民众朴实无华、吃苦耐劳、安分守己的人文性格。

人的存在既需要物质载体，更需要精神追求。对于当地民众来说，庭院空间是其生活的重要组成部分。具体地讲，民众的多一半光阴都会在庭院中度过，对于家庭主妇更是如此。刚柔并济、阴阳相合、天人合一是普通民众人生的终极追求，运用到人居环境中，则庭院是民居院落中"虚"的部分，与建筑的"实"相对，虚与实只有对立统一、比例

恰当，才能让整个民居院落生动丰富。庭院串联了院落中各个建筑单体，且注重与生活的密切关系，空间尺度应适当，院落的要素也更为有效。整个庭院空间为日常生活提供了很强的实用性，庭院空间形成了较为多样的功能，根据建筑的不同性质，庭院空间营造不同的氛围，使人们感到非常丰富的心理变化。[①]

尽管新疆传统民居院落的平面形式多样，其庭院空间都以横向为主，庭院较为规整，呈长方形。

---

① 李海宏. 冀南地区传统民居院落空间研究［D］. 邯郸：河北工程大学，2018.

庭院是由周围建筑单体、院墙等围合而成的对内开放且对外封闭的空间，是整个院落的枢纽空间。庭院一般是轴对称的、封闭的、内向的布局和纵向扩展的空间组织形式。充分协调融合与自然的关系，可以满足人们的休息、互动、欣赏等功能需求，在传统的居住生活中发挥重要作用。[①]

　　根据调查与分析统计结果可以看出，受访者对新疆传统村落庭院空间景观的满意度理解与评价结果不同。通过不同视角对受访者进行分类比较分析可以看出，与对景观总体风貌相比较，受访者对传统村落庭院空间景观的满意度均偏低。造成不同结果的主要原因既有受访者的阅历、经历、学识等综合因素而不同，还有一个重要原因即该地区传统村落庭院空间景观确实稍显普通。此类合院式民居庭院与北方民居合院很接近，部分有规模和比较讲究的庭院以经天纬地的四方格局为基础，中心开敞或种植有大型阔叶落叶树，体现出强烈的季候感。庭院内部的建筑立面主次分明，体现出中国传统文化中的尊卑有分、长幼有序的秩序感，建筑的规模、尺度、装饰方面均有所体现。从村落的风貌、村落边界、建筑格局基本能够对村落庭院景观进行鸟瞰、透视，图像学判断与调研实证数据符合度高。

　　通过研究，更能确定的是乡土生活赋予传统村落景观丰富的文化内涵，如果仅仅从类型学和大数据分析视角研究传统村落景观文化，难免显得过于机械和科学化。毕竟传统村落景观文化是凝固乡土文化基础上的自我更新与发展，有必要将传统村落景观与乡土生活联系起来研究，更需要把传统村落景观当做乡土文化的基本部分来研究。这就要求课题研究方法的综合性，这种综合性由乡土社会和村落景观文化固有的复杂性和外部联系的多方位性而决定。

① 李海宏. 冀南地区传统民居院落空间研究 [D]. 邯郸：河北工程大学，2018.

第二章

影响新疆传统村落
景观发展的因素

自然地理环境对新疆传统村落的影响

地理环境是指生物（特别是人类）赖以生存和发展的地球表层情况。其内容包括所处的地理位置，以及这一位置的地形、地貌、土壤、气候、水系、动植物及生态条件等。地理环境由自然地理环境、经济地理环境和社会文化环境构成。自然地理环境对村落的影响是直接的，也呈不断变化与演进。"风土"这一词汇就能够很好地形容其村落风貌与特征，在人居环境科学和乡村文化方面使用比较普遍。传统村落并不是孤立存在，它与所处的环境密不可分，它们共同构成了一个区域的整体风貌，体现着独特的历史人文环境和当代人文环境，具有强烈的地域文化特征和时代感，同时也使乡村习俗和村落文脉得以延续。[①]

乡村景观风貌是村落在一定地理环境条件下，古往今来生活于此的人，因自身的生存和发展需要而进行的一切改造和适应环境的结果。这种结果具有物质性和精神性双重性质，经过长时间沉淀和发展，而具有一定的历史风貌特征。因自然地理环境的各种客观因素之间相互联系、相互制约、相互渗透，构成了自然地理环境的整体性。各要素之间不是孤立存在和发展的，而是作为一个整体变化而发展，在景观上他们总是力求保持协调一致，与环境的整体特征相统一。新疆地域辽阔，用单一的地理文化特征进行概述不太科学，因经纬跨度大，"三山夹两盆"等因素，造成天山南北具有和而不同的地理文化特征。

一、地形因素

地形，地表之相。《战国策·秦策二》记载："甘茂贤人，非恒士也。其居秦，累世重矣，自殽塞、谿谷，地形险易，尽知之。"唐代白居易《早春即事》诗："物变随天气，春生逐地形。"宋代苏轼《徐州谢两府启》："地形襟要，当东南水陆之冲；民食艰难，正春夏旱蝗之际。"明代王守仁《传习录》卷中："天子之学曰辟雍，诸侯之学曰泮宫，皆象地形而为之名耳。"明代孔贞运《明兵部尚书节寰袁公墓志铭》："公（袁可立）久历海上，凡地形险易，军储盈缩，将吏能否，虏情向背皆洞

---

① 胡川晋，王崇恩. 历史文化名村保护中的植被修复与景观设计——以太原市店头古村落为例 [J]. 太原理工大学学报，2013, 44（02）: 223-226.

102　　　　　　　　　　　　　　　　　　　　　　　　　　　　　　新疆传统村落景观图说

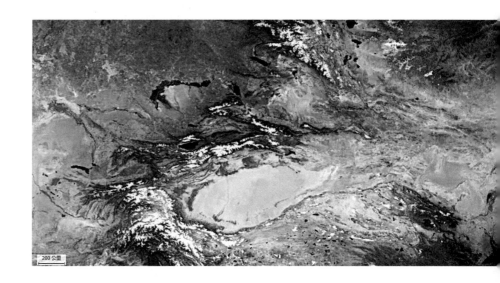

图2-1　新疆地貌卫星图（图片来源：作者改绘于高德地图）

若烛照，故登莱终公之任，销锋卧鼓。"地理学对地形（topography）解释为地物形状和地貌的总称，具体指地表以上分布的固定性物体共同呈现出的高低起伏的各种状态。地形与地貌不完全一样，地形偏向于局部，地貌则一定是整体特征。可以看出，在不同历史时期、不同的学科和环境，人们对其概念有着不同的理解，但是基本形态与相貌之意相对稳定不变。

在人居环境科学范畴中，人们更多的是在大的地理环境下，从村落环境地形和住宅建筑所处位置的地形方面进行有针对性的探究，目的在于能够准确地理解和驾驭，更好地为人居环境建设服务。因此，地形无疑是村落和民居营造的基础。美国建筑理论家戴维·莱瑟巴罗（David Leatherbarrow）曾说："地形是建筑与景观结合的前提。"意为场地对于营建的基础重要作用，这与我国历代营造典籍所强调的堪舆学具有相同的智慧因子。就传统村落而言，场地如同舞台，民居建筑若似主角，庭院景观如配角，依据不同的需求而构成具有不同性格特征的景观单元，相互聚集而形成生机勃勃的村落景观。作为基底的舞台的格局、形态、相貌直接影响着场所的精气神，也只有建筑和场地合为一体，才能够营造出和谐的人居环境景观。吴良镛先生提出"广义建筑学理论"，从观念和理论基础上把建筑学、地景学、城市规划学等学科进行交叉融合，使得人居环境科学作为一个系统进行考虑、研究、发展，具有重要意义，这也是对过去建筑学界"人定胜天"这一激进建筑理论的一种修复与矫正。

图2-2　和田地区民丰县其格力克厄格勒乡尼雅河畔平原景观（图片来源：作者拍摄）

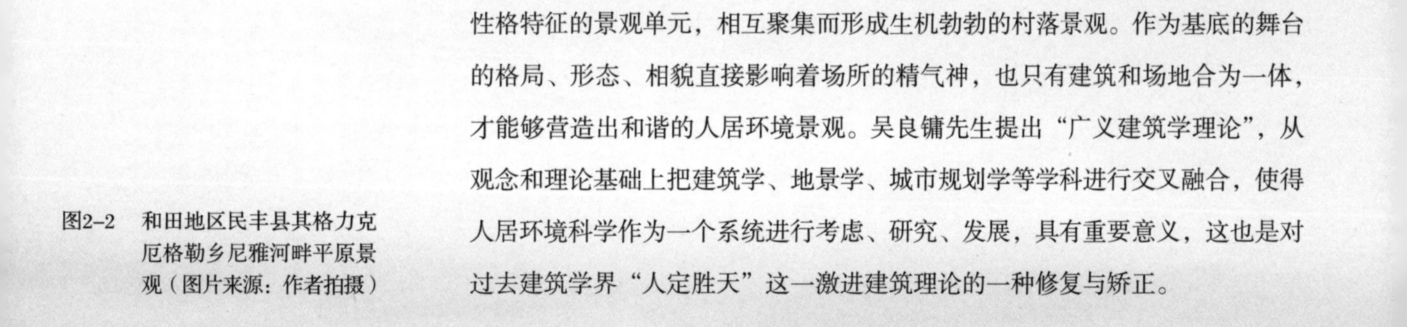

图2-3　昌吉州奇台县江布拉克景
区高山草甸与万亩旱田景
观（图片来源：作者拍摄）

新疆地形复杂多变，大起大落，自北向南有阿尔泰山、天山山脉，南部的昆仑山脉由西向东为帕米尔高原、喀喇昆仑山、阿尔金山组成。三大山脉连绵起伏，山势逶迤，横贯新疆东西，崇山峻岭插入云霄，犹如三条高耸坚挺的脊梁，将新疆包裹围合在它们中间。新疆分布着浩瀚的戈壁、沙漠，降水稀少而分布不均，干旱与极寒是新疆地理环境的基本属性之一。独特的地理位置和地形条件，形成了夏季炎热、冬季酷寒的极端天气。新疆冬天降雪较多，几乎长达半年之久，为当地民众的生产和生活积聚了水量。新疆大地的沙漠和戈壁，在白天太阳照射的情况下，积热充沛、升温较快、气流上升，夜间又接连散热，降温迅速，受这种反复交叉变化的影响，绿洲相对稳定的气温也彼此发生变化。生活在这块大地上的各个民族，克服气候恶劣、物质贫乏、交通不便等种种困难，凭着顽强的精神和高度的智慧，游牧于草原，开垦着绿洲，创造着自给自足的幸福生活。他们凭着锲而不舍的探索精神和吃苦耐劳的适应能力，无论在平原绿洲、河谷草原，还是高原山地、荒凉戈壁和沙漠深处，他们都能因地制宜，因材构架地建造起自己的生活空间，营造出适宜于本地生长的人居环境景观。经过多年的积累和发展，留下了丰富的人文地理景观资源，为现代城市景观的发展和更新提供了源泉。生活在新疆的人们通过自己勤劳的双手，用最原始的材料和工艺，营造出适应当地地理环境、历史、文化、习俗的生土建筑，如喀什高台民居、吐鲁番鄯善县吐峪沟生土民居等。或许当时建造时人们只是为了自给自足的生活所需，而今天看来，却是大漠戈壁中的靓丽风景。[①]

图2-4　昌吉州木垒哈萨克族自治县十万亩旱田景观（图片来源：刘晶拍摄）

---

① 王小冬. 干旱区地理环境特征对新疆城市景观的影响 [J]. 现代园艺, 2015 (06): 107.

图2-5 独库公路伊犁州境内沿线
景观（图片来源：曲艺民
拍摄）

图2-6 博州博乐市赛里木湖景区
牧业景观（图片来源：网
络资料）

图2-7 沙漠公路和田地区洛浦县境内沿途景观（图片来源：作者拍摄）

图2-8 天山北麓哈萨克族牧民生产生活使用的地窝子（图片来源：作者绘制）

图2-9 喀什地区喀什市高台生土民居聚落景观（图片来源：作者绘制）

图2-10 塔里木盆地沙漠公路冬季景象（图片来源：作者拍摄）

二、气候因素

气候是地球上某一地区多年时段大气的一般状态，是该时段各种天气过程的综合表现。气象要素（气温、降水、风力等）的各种统计量（均值、极值、概率等）是表述气候的基本依据。气候与人类社会有密切关系，许多国家很早就有关于气候现象的记载。[①]先秦时期就有二十四节气、七十二候的完整记载。二十四节气在上古时代已订立，到汉代收入《太初历》作为指导农事的补充历法。二十四节气既是历代官府颁布的时间准绳，也是指导农业生产的指南针，更是日常生活中人们预知冷暖雪雨的指南针。[②] "气候"一词原指各地气候的冷暖同太阳光线的倾斜程度有关。由于太阳辐射在地球表面分布的差异，使气候除具有温度大致按纬度分布的特征外，还具有明显的地域性特征。

随着社会的发展和营造技艺的提高，与古代相比，气候决定论在建筑学和文化地理学中的分量有所变化。当然，尽管在后者中，它已经不像过去那样受欢迎了，我们也没必要去否认气候在决定人居环境格局和建筑形式形成中的重要作用。在刘敦桢所著《中国古代建筑史》中，引用《易·系辞》"上古穴居而野处，后世圣人易之以宫室，上栋下宇，以待风雨。"来简要概述上古时期人居文化的起源与变迁。在元明清时期的住宅部分提出"住宅建筑，古构较少，盖因在实用方面无求永固之必要，生活之需随时修改重建，固现存住宅，胥近百数十年物耳。在建筑种类中，唯住宅与人生关系最为密切。各地因自然环境不同，生活方式之互艺，遂产生各种不同之建筑。今就全国言，约略可分为四区；各区虽各有其特征，然亦有其共征。"[③]从建筑形制和外观形态样式角度看，即便是在同一地区，传统村落与民居建筑也有很大的不同。如云南彝族的土掌房和傣族的竹楼，伊犁的哈萨克族毡房与禾木村图瓦人的木屋就有很大差别，这就说明民居建筑样式更多的是与文化层面与生活方式相关。随着生产力的发展，气候对民居建筑的影响作用在逐渐减少。诚然，从大范围的地理环境来看，气候对人居环境的影响比较重大。如北方冬季寒冷，西伯利亚高压和季风气候双重作用，北方的房屋墙体厚度比南方要厚，外墙保温引起了人们的足够重视，暖气设备是必需条件。而南方大部分地区夏季闷热，对窗墙比要求较高，希望获取更好的自然通风条件。面对气候决定论的说法，现在大家对其认知更加理性，在结合具体客观存在时，基本都能够辩证地看待。

---

① 自然现象. [DB/OL]. http://xfmmm.cn/xfwiki/index.php?category-view-19.
② 自然现象. [DB/OL]. http://xfmmm.cn/xfwiki/index.php?category-view-19.
③ 刘敦桢. 中国古代建筑史 [M]. 北京：中国建筑工业出版社，2005：23.

图2-11 阿克苏市沙雅县胡杨林 公园(图片来源:作者 拍摄)

新疆传统村落景观图说

图2-13　昌吉州玛纳斯县北五岔
　　　　镇沙窝道村传统民居建
　　　　筑外部形态特征（图片
　　　　来源；作者拍摄）

图2-12　盛夏时节独库公路巴州
　　　　和静县境内的牦牛队
　　　　（图片来源：网络资料）

在营造思想及形态样式层面上，新疆传统村落中的民居建筑是生态、绿色、环保、可持续的生态建筑作品。新疆民居因处于大同的环境，建筑构造上基本一致，因民族和地域差别也有所区分，具有外形粗犷，性格内向的特点。由于文化、历史的不同，各民族建筑不论是选址、布局、装饰、纹样和色彩上都具有不同特点。维吾尔族民居的建筑装饰风格受伊斯兰文化影响较大，由于历史的原因，各民族之间有着包括语言、宗教、信仰、性格、爱好、习惯等不同心理素质和生活方式的传统。因此，新疆不同地域的不同族群，同一族群的不同地域，在不同时期均有不尽相同的景观文化特质。①

三、水文因素

水文指的是自然界中水的变化、运动等的各种现象。水文现在一般指研究自然界中水的时空分布、变化规律的一门学科。《说文》"水，准也"。春秋时

① 王小冬. 干旱区地理环境特征对新疆城市景观的影响 [J]. 现代园艺，2015（06）：107-108.

期《老子》中"上善若水。水善利万物而不争，处众人之所恶，故几于道。居善地，心善渊，与善仁，言善信，政善治，事善能，动善时。夫唯不争，故无尤"。意思是至善的人性如流水，水善于滋润万物而不与万物相争。能够停留在众人都不喜欢的地方，所以最接近于"道"。

自生命从海洋登陆那一刻起，就在为自己的另一个生存世界寻求以水为伴的栖息场所。从人类社会发展史看，世界文明古国的发展是人与水环境的共生史。如公元前3000年前的埃及古王国到公元前16～前11世纪埃及新王国这古埃及强大的历史时期，其国家的城市重心都放在水资源富足的尼罗河两岸，从当时首都阿玛纳（Tel el Amarna）的贵族府邸到吉萨金字塔群，它们都是在尼罗河流水的陪伴之下闪亮后世。[①]华夏文化首先起源于黄河流域，因为水的存在，中原大地成为历代兵家必争之地。古楼兰城却由于水的枯竭而消亡，昔日桑蚕茂盛、管弦丝竹、商贾云集的丝绸之路和人类艺术宝库敦煌周边的绿洲，以及明镜似的湖泊，还有古代美丽的阿拉善草原，都因水环境和水资源的恶化与匮乏，经过历史的变迁，如今已变得满目疮痍，成为失落的天堂。[②]值得一提的是欧洲的荷兰，荷兰人民与海水的斗争有近两千年的历史，在适应和发展的同时，更多地理解和利用自然环境条件，而不是所谓的"征服"。人们意识到海水的运动是不能阻止的，只能引导和缓解，他们总是选择柔性结构，利用沙丘植草方式在海边设计建造三道防护堤，使得人们能够与自然和谐相处，达到共生效果。

对于乡村社会的传统村落来说，水文因素作用大于天。生活在干旱欠发达地区的人民更能够理解"水是生命之源"的真谛。水对于人类社会结构基本细胞的乡村聚落，从地理分布、形态特点、内部结构到自然文脉、历史文脉和社会文脉的形成过程中，对现代文明尤其是对现代都市文明的形成都有着重要影响。在体现中国传统文化和"天人感应"，"以天道质人事"即"天人合一"思想、自然观和哲学观的传统村落的灵魂里，追求和实现人与自然、人与人、人与社会的多方和谐等方面，传统村落水环境具有多元价值与意义。[③]传统村落绝大多数之所以依山傍水，逐水草而居，有两个方面的原因。一是汲水便利有利于生产、生活。因为人类在原始社会早期以采集植物为主要生存方式，雨水充沛和浇灌之便以及对于植物的生长关系重大，进入农耕时代水就更为重要。另外，中国早期的"天人合一"的宇宙观，即大地有机自然观对于传统村落形成的影响也不言而喻。[④]

---

① 陈六汀. 古村落水环境探析与理想栖居创生［J］. 饰, 2007（02）: 4-6.
② 同上.
③ 秦安华，王淑华. 村落景观环境形象更新设计研究［J］. 山西建筑, 2010, 36（32）: 48-49.
④ 陈六汀. 古村落水环境探析与理想栖居创生［J］. 饰, 2007（02）: 4-6.

图2-14　博州博乐市赛里木湖景
　　　　区夏季雪山景观（图片
　　　　来源：网络资料）

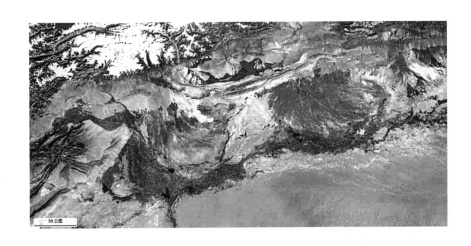

图2-15　塔里木河流域卫星图（图
　　　　片来源：作者改绘于高德
　　　　地图）

图2-16　喀什地区喀什市高台生
　　　　土民居建筑景观（图片
　　　　来源：作者绘制）

图2-17 "塞外江南"伊犁州民居
建筑景观（图片来源：
曲艺民拍摄）

图2-18 伊犁州新源县那拉提草
原水渠景观（图片来源：
网络资料）

图2-19 玛纳斯县六户地镇梁干村
村落防渗灌溉水渠（图片
来源：作者拍摄）

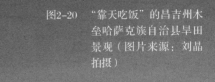

图2-20 "靠天吃饭"的昌吉州木垒哈萨克族自治县旱田景观（图片来源：刘晶拍摄）

图2-21 巴州焉耆县七个星镇霍拉山村后山水渠（图片来源：作者拍摄）

图2-22 吐鲁番市坎儿井博物馆坎儿井复原模型（图片来源：网络资料）

新疆位于亚欧大陆腹地的内陆干旱区，"三山夹两盆"的独特地貌特征形成了新疆复杂多样的气候条件和资源条件。新疆的气候属典型温带大陆性气候，干燥少雨，蒸发强烈。新疆570余条河流中除额尔齐斯河和奇普恰普河外均属内陆河。绝大多数发源于高山地区的河流都向盆地汇集，形成"向心式"水系。山区降水丰沛，98%的水资源形成于山区，而平原区和沙漠区，降水量除少量补给地下水外很少或不产生地表径流，是径流散失区和无流区。从整体上看，新疆水资源及利用存在的主要问题是水资源短缺与浪费并存，而浪费又加剧了水资源的短缺。因新疆气候干旱，降水稀少，水资源时空分布不均衡，总体上属于资源性缺水。水资源区域分布悬殊，以天山为界，南、北疆面积分别占全疆面积的73%和27%，而单位面积产水量，北疆是南疆的近3倍，且北疆水资源又多集中于伊犁河和额尔齐斯河两大河流。[1]全疆大部分河流流程短，水量小，水资源年分配极不均匀，夏季水量占全年径流量的50%以上，冬季水量很少，在10%以下；春、秋两季水量相当，各占20%左右，形成了春旱、夏洪、秋缺、冬枯的情况，而南疆尤为突出。水资源的区域不均匀分布与新疆经济发展、生态环境保护格局明显不协调，天山北坡综合经济带集中了全疆近一半的经济和科技力量，然而这一地区水资源仅占全疆的7.4%，水资源严重短缺，致使部分地区（或城市）地下水过量开采，已出现不同程度的漏斗，如乌鲁木齐市、石河子市、昌吉州所属各县市等。[2]昌吉州是新疆重要的农副业生产基地，大部分地区属于沙漠绿洲，除部分沿天山廊道的旱田地区靠天吃饭，绿洲平原地区的乡村农业生产以棉花、小麦、水稻、玉米等为主，浇灌方式以水库蓄水为主，也有像老龙河农场以抽地下水进行灌溉的地区。乡村生活的人民群众生活用水全部以地下井水为主，玛纳斯县的乡村生活用水水井深度一般都在70~120米之间。吐鲁番盆地和木垒哈萨克族自治县存在的坎儿井是新疆人与水互生共存的重要文化遗产。

四、土壤因素

土，坤也，万物之基也。在古代，皇帝相信自己是真龙天子之化身，有普天之下，莫非王土之意念。在古代堪舆学里，土在五行中相对比较独立，布局在四相经纬交线之正中，有中正伟岸之意。土与金木水火之间有相生相克、相互影响之关系，是承载万物、孕育众生之基础。地理学将土壤解释为地球表面的一层疏松的物质，由各种颗粒状矿物质、有机物质、水分、空

---

① 罗岩，等. 新疆内陆干旱区水资源的可持续利用 [J]. 冰川冻土，2006（02）：283-287.
② 同上。

图2-23 昌吉州玛纳斯县北五岔镇沙窝道村盐碱地（图片来源：作者拍摄）

气、微生物等组成，能生长植物。土壤由岩石风化而成的矿物质、动植物、微生物残体腐解产生的有机质、土壤生物（固相物质）以及水分（液相物质）、空气（气相物质），氧化的腐殖质等组成。土壤中这三类物质构成了一个矛盾的统一体。它们互相联系，互相制约，为作物提供必需的生活条件，是土壤肥力的物质基础。[①]从传统文化和科学理论中可以发现，土壤具有从哪里来，由什么组成，到哪里去等诸因素特征，并且相互之间都有一定的关系存在。

　　土壤因素是大千世界存在的物质基础，因研究的视角和对象不同，存在着不同的尺度。土壤研究的尺度、土壤性质的时空异质性及过程的动态性，决定着在很大程度上土壤学研究必须采用景观生态学的观点。在土壤类型图上不同土壤类型斑块是一个综合自然地理环境，它是对一定范围内土壤类型进行类群归并的产物，主要由自然要素分异规律支配。从土壤的角度看，可以将遥感图像上不同土壤类型的图斑视为一种景观元素，将遥感图像看作是由不同土壤类型的地域所组成的景观，不同土壤类型的地域具有景观的基本特征。不同土壤发生类型塑造了异质的景观格局，而土壤类型上不同的土地利用实践又对原有景观格局进行重构[②]。新疆的土壤类型相对简单，以绿洲沙土和山区腐殖土为主，进而以耕地和林地为主要景观。因各类土壤性质和分布特点的不同，耕地和林地在各类土壤上的分配比例上存在明显差异。

---

① 公彦庆. 果园土壤污染调查及修复改良［J］. 环境与发展，2019，31（08）：36-37.
② 李斌，张金屯. 黄土高原土壤景观格局特征分析［J］. 环境科学与技术，2005（03）：39-40+117.

图2-21 昌吉州奇台县半截沟镇
江布拉克景区万亩旱田
景观（图片来源：作者
拍摄）

图2-25　和田地区洛浦县沙漠公路沿线治沙工程（图片来源：作者拍摄）

新疆是我国土地退化最为严重的区域之一。新疆绿洲土地退化的主要表现形式为土地沙漠化、耕地盐碱化和水土流失。[①]近年来，由于人口快速增长，绿洲规模急剧扩张，耕地面积扩大，加之不合理的乱垦滥挖以及荒漠冬草场的过度放牧等强烈人类活动，在大风肆虐的春季与夏初，地面基本处于裸露状态，许多地区在春、秋两季期间，浮尘天气明显增多。生活在西域的民众尽管难以做到诗意地栖居，但是经过历代的繁衍生息，与土为伴，故创造出了具有土性诗意哲学的生活观。

生土建筑是沙漠地区干燥炎热气候的产物，也是延续多年的传统居住方式。同时，新疆是一个多民族聚居区，各族民众生活方式及其历史文化有一定的差别，逐渐分化出不同的民居建筑类型。在广袤的沙漠戈壁和盆地绿洲里，不同地区的人民群众充分利用当地资源，因地制宜，营造出特色鲜明的民居建

---

① 姜逢清. 新疆绿洲当代人地关系紧张情势与缓解途径 [J]. 地理科学，2003（02）：157-163.

图2-26 阿克苏市柯坪县阿恰勒镇
生土民居建筑景观（图片
来源：张禄平拍摄）

图2-27 伊犁州新源县那拉提草
原景观（图片来源：网
络资料）

筑。北疆地区木材缺乏，生土的比重较大；南疆地区木材充裕，建筑材料大量
使用白杨木、胡杨木、核桃木、杏树木、芦苇、红柳、土坯和生土等，形成酷
暑区生土半穴居窑洞、森林区井干式木屋、草原毡房以及绿洲木构密梁平顶土
木结构等不同民居类型，因水文因素的影响，部分地区的屋面分水和房屋基础
有所差别。如北疆地区分为东、西两部分。西部以游牧生活方式向农垦生活方
式过渡，形成与该地区大环境近似的半生土结构。东部地区则较多的受祖国内
地等多元文化的影响，不同历史时期呈现出不同的风貌，如吐鲁番民居为集中
式布局、高棚架屋顶、庭院围合结构。在喀什地区，民居为米黑曼哈拉式，即
以客房为主体的居住单元，内置小庭院，紧挨连接式布局，进而构成街巷，以
适应地震、干旱、炎热等气候特征。和田民居为阿以旺式，以中厅为中心，布
置所有房间，以适应风沙型气候。吐鲁番市鄯善县吐峪沟镇麻扎村入选第二批
中国传统村落名录，是生土民居的典型代表，也是新疆维吾尔族传统村落景观
整治的优秀案例。因常年雨量稀少，老房子多为带有地下室的单层或双层拱式
平顶，屋顶都以生土覆盖，再依据地形建造成院落组合式住宅，通过增加建筑
群，以及毗邻修建的方式，减少过多的受阳面，增加其阴影灰空间，让人们在
炎热的夏季能够感受到徐徐凉风吹来。

图2-28　和田地区民丰县沙漠公路沿线景观（图片来源：作者拍摄）

生土民居的营造哲学是更多的人们改造和适应自然的结果。没有高深的科技学问，但对土地的认知与理解却几乎超过了所有的科学知识。诚然，生活在新疆的民众更多的是以不断实验和尝试总结出的经验为营造理念，以几乎没有成本的生土为物质条件，不断地大胆实践，在准确地把握了生土的热传导、生态、经济、环保等相关知识的支撑下，完成了土性文化的完美解读和精彩呈现，让人们更好地诗意栖居和繁衍生息。

五、植被因素

《说文》将植被解释为草与树木。唐代杜甫《春望》："国破山河在，城春草木深。"宋代欧阳修《秋声赋》："嗟乎！草木无情，有时飘零。"被人们常理解为"植被，草木也，木直而草柔，善用也。"地理学将植被解释为地球表面某一地区所覆盖的植物群落。它是一个植物学、生态学、农学或地球科学的名词。植被可以因为生长环境的不同而被分类，譬如高山植被、草原植被、海岛植被等。陆地表面分布着由许多植物组成的各种植物群落，如森林、草原、灌丛、荒漠、草甸、沼泽等，总称为该地区的植被。依植物群落类型划分，可分为草甸植被、森林植被等。它与气候、土壤、地形、动物界及水状况等自然环境要素密切相关。[①]

当前对于景观植被的研究，主要集中于宏观的生态学领域和景观植物学领域。其中在生态学领域，土壤养分是气候、植被、地形及土壤因素等自然条件的综合反映。在植物群落演替的不同阶段，土壤与植被之间存在不同的互动关系。景观尺度上土壤的空间异质性和分布格局，影响了不同景观下的群落结构、功能组成、种间关系及其植被生产力，从而间接地影响其他生物的多样性及其空间分布。[②]同时在小尺度上，由于受微地形、放牧干扰和生物地球化学循环等共同作用，不同荒漠景观条件下土壤养分分布、水分分配以及植物斑块分布格局存在空间异质性，但小尺度的空间异质性可能是维系景观大尺度群落生物多样性、初级生产力和稳定性的重要因素。在群落的演替不同阶段，植被与土壤之间的相互作用驱动土壤和植被空间异质性的变化。群落演替初期，土壤空间异质性决定了植被属性空间异质性，演替成熟期植被又反作用影响土壤空间异质性。[③]因此，不同景观内的差异性是多种因素相结合的结果，但主要

① 董水生. 北三县绿色植被扩展现状分析 [C]. 廊坊市应用经济学会，2014：95-101.
② 何兴东，等. 科尔沁沙地植物群落圆环状分布成因地统计学分析 [J]. 应用生态学报，2004，15（9）：1512-1516.
③ 王海涛. 油蒿演替群落密度对土壤湿度和有机质空间异质性的响应 [J]. 植物生态学报，2007，31（6）：1145-1153.

图2-29　伊犁州新源县那拉提草
原植被景观（图片来源：
网络资料）

图2-30 昌吉州玛纳斯县北五岔镇
沙窝道村夏季农田景观
（图片来源：作者拍摄）

图2-31 昌吉州玛纳斯县六户地
镇梁干村庭院中的榆树
（图片来源：作者拍摄）

图2-32　昌吉州奇台县江布拉克景
　　　　区万亩旱田守护神——榆
　　　　树（图片来源：作者拍摄）

图2-33　阿克苏市柯坪县阿恰勒镇
　　　　民居庭院旁的红柳（图片
　　　　来源：张禄平拍摄）

受到土壤属性的影响。研究发现沙漠腹地区不同坡向风沙土植被盖度存在差异性，不同坡向土壤含水量的差异，是由于不同盖度植被生长利用土壤表层土壤水分的不同。群落形成初期土壤的空间异质性决定植被属性空间异质性，后期植被属性空间异质性又反作用于土壤空间异质性。[1]

在景观植物学方面，乡土植物是新疆广大乡村存在的一种景观必要因素。因地域的不同，部分村落的小气候环境比较好，植被景观的丰富性和层次比较完善，如沿天山廊道的部分传统村落景观评价结果相对较好。沙漠腹地的部分村落的景观就十分乡土和简约，基本以红柳、梭梭树为主。相应的，因人居环境品质差，而受自然灾害的情况时有发生。随着生态环境问题、持续发展意识的加强，受地理环境和经济投入的限制，传统村落景观的植物选择更多的是以乡土植物为主，让其自由生长。在进行传统村落景观整治时，植被选择不但要坚持适地适树、经济适用原则，还要考虑植物配置的群落生态稳定性、视觉艺术性、景观季候性等。主要以适宜于本地生长的欧洲大叶白蜡、新疆小叶白

① 王晶. 新疆准噶尔盆地典型荒漠区不同景观植被对土壤养分的影响 [J]. 中国沙漠, 2010, 30（06）: 1367-1373.

蜡、欧洲山杨、白榆、欧洲大叶榆、沙枣、胡杨、黄刺玫、金丝桃叶绣线菊、鞑靼忍冬、准噶尔山楂、阿特曼忍冬、树锦鸡儿、天山花楸等各类乡土树种为主。因新疆大部分地区夏季炎热、冬季寒冷漫长的特殊性，在植物景观设计时尽量从平面种植关系、立面层次、空间质地、色彩关系、四季更迭、全天变化等进行揣摩、推敲。既要考虑景观本身的特性，还要注重人在环境中的各种感受，以及村落景观赋予的教育功能。在不同类型植物和景观材质上安装标牌，标牌本身以五颜六色的夏橡树叶形态呈现，具有观赏价值，标牌上还有景观植物或材质的名称、属性等，更具有科普教育意义。[1]

图2-34 伊犁州布尔津县禾木村白桦林（图片来源：网络资料）

---

① 王小冬. 新疆昌吉中山北路游园小型绿地设计 [J]. 农业科技与信息（现代园林），2015, 12（03）: 218-221.

第二节

社会人文因素对新疆
传统村落的影响

人具有极强的社会性，在大杂居小聚居的乡村
环境下，勤劳的乡村民众同样创造了不朽的村落文
化。经过长期的发展与积累，村落自身文化与外部
侵入文化的冲突、适应、融合，进而形成了中华优
秀传统文化大背景下的地域文化。微观上看，就是
村落都有自己的文化，这些文化既作为前提背景影
响着当下的人民创造着文化，也作为未来文化的背
景而存在。

一、基本需求

根据马斯洛（Abraham H.Maslow）的需求理
论，可以将生理需求、安全需求、社交需求归纳为
基本需求。这些基本需求是精神需求的基础，精神
需求是基本需求的深化与升华。"养牛为耕田，养
猪为过年，养鸡为花钱"，节衣缩食，精于仓储，
是传统农民的基本生活观念，解决温饱成为多少代
农民的基本生活夙愿。改革开放后，随着市场经济
的发展，党和政府不断减轻农民的负担，并创造
条件让农民拥有更多的财产性收入。随着家庭收

入的不断提高，农民的购物观念已从"吃穿"向
"住行"转变，从"挣多花少"的保守消费观念向
"先花后挣"的超前消费观念转变，从简单的保障
生存向适度享受转变。人们在吃、穿、住、用等方
面的购物支出也越来越多。购买的食品从吃饱、吃
好向绿色、营养化转变。购买的服装从颜色款式单
一，向多元化、个性化发展。日用品由买"便宜
货"向高科技、高档化转变。享受型购物消费已成
为这个时代的明显标志，也折射出农民生活水平的
大幅提高，体现着人们对生活的更高追求。[①]

对于新疆广大传统村落来说，经过多年的发展
建设，随着富民安居工程的大力推进，人居环境的
基础性建设取得了历史性成就。民众的居住、交通、
饮水、防寒、抗震等基本需求得到满足。调研发现，
塔里木盆地南缘的墨玉县、民丰县等脱贫攻坚战成
绩显著，民众的人居环境得到大力改善，庭院经济
和林果产业迅速发展，特色林果产业与本地深加工
基础设施建设和技术培训逐步落实。本地民众实现
了本地定时定点工作和收入稳定的基本现实。人与
人之间的交往也打破了落后的封建旧俗，尊老爱幼、
男女平等、礼尚往来的良好风尚得到弘扬与发展。

---

① 周军. 中国现代化进程中乡村文化的变迁及其建构问题研究［D］. 吉林大学，2010：59-60.

图2-35 阿克苏市沙雅县核桃种
植景观（图片来源：作
者拍摄）

图2-36 昌吉州奇台县半截沟镇
哈萨克族民众半农半牧
生活场域（图片来源：
作者拍摄）

图2-37　昌吉州木垒哈萨克族自治县西吉尔镇传统村落中的圈舍（图片来源：刘晶拍摄）

二、精神需求

尊重需求和自我实现需求是马斯洛需求层次论的高级层次，具有强烈的精神需求特质。对于传统乡土社会来说，基本需求和精神需求二者可以简单地理解为"里子"和"面子"。相应地，马斯洛需求五层次的高低之分亦即表里之分。"表里如一"出自《论语·颜渊》："行之以忠者，是事事要着实。"朱熹集注："以忠，则表里如一。"尽管《现代汉语词典》将"表里如一"解释为指表面和内心都一样，形容言行和品质完全一致，但此处对其的使用是无异议的，更是对词汇内涵与外延理解的具体化和形象化。

图2-38 昌吉州玛纳斯县北五岔镇传统村落民居庭院中的红柳柴扉（图片来源：作者拍摄）

　　中国传统社会中的自给自足的小农经济，具有超强的稳定性和封闭性，其内在本质决定了它的发展具有迟缓性，而生长于其上的乡村观念文化，也必然是缓慢发展的。尽管迅速发展的工业化和城市化，不断带来新的文化意识，并且借助人口的流动，现代化的传播和教育手段，日益辐射和冲击着稳定和保守的乡村文化，但其固有的迟缓发展模式仍未改变。许多乡村从基础设施到吃、穿、住、行等各个方面都已实现了城镇化，从表层文化看，已经接近现代化，但其内在的生活方式、乡风文明意识、文化价值及其信仰系统还是传统社会的一面，文化发展的迟缓性，使乡村现代化中的物质文化与精神文化出现了不兼容、不匹配的状况。"重农抑商"和浓厚的"土地情结"把农民长期束缚在了土地上，这不仅使农民在狭隘的农业简单再生产里转圈子，而且还使他们的观念僵化，安于贫困的生活，缺乏进取、开拓、冒险和竞争的精神，在价值取向上，不能适应市场经济和现代化发展的需要。[①]

　　简言之，无论在城市还是乡村，人人都希望有尊严、有理想的工作与生活，因为被生活实际所困，以及经历的各种打击，难免出现独善其身的心态。但不可否认的是，尽管生活苟且，内心依旧有诗和远方的存在。治大国若烹小鲜，我们的祖国又何尝不是这样。从"韬光养晦、不忘初心、砥砺奋进"都能感受到其中的困窘和无助，唯有保持初心不改，坚持天道酬勤之信念，才能够实现中华民族伟大复兴。

---

① 王国胜. 论传统乡村社会文化变迁与社会主义新农村建设 [J]. 农业考古，2006（03）：128-129.

图2-39 伊犁州特克斯县传统村落民居庭院大门装饰（图片来源：曲艺民拍摄）

图2-40 阿克苏市柯坪县阿恰勒镇传统村落中的麻扎（墓地）（图片来源：张禄平拍摄）

三、文化需求

马克思曾多次论述过文化。在《1844年经济学哲学手稿》中，马克思提出，文化的人化本质和整体性特征，即"人的本质力量对象化"。在同一篇文章里，马克思还强调，"一个种的全部特性、种的类特性就在于生命活动的性质，而自由的有意识的活动恰恰就是人的类特性。"[①]这一论述马克思强调了文化对人类本身的特有意义。

需要明确的是，社会人文背景范围比较大，这里所指的传统村落的文化抑或称之为村落文化。"文化"不是作为"物"而存在的，它是一种观点、概念和构想，是人们对思索、信仰认知与从事的诸多实物（及其处理方法）的一种描述性称谓。其实它现在的人类学意义是爱德华·伯内特·泰勒（Edward Burnett Tylor）于1871年在英国首次提出并采用的，泰勒本人是公认的第一位人类学家。他指出："文化是一种复合体，它包括知识、信仰、艺术、法律、道德、习俗和人类作为社会成员所拥有的任何其他能力与习惯。"[②]

相应的，我们需要知道"文化到底是什么？"当前学界主要有三种定义。首先是将其描述为一个民族的生活方式，包括他们的理想、规范、规则与日常行为等。其次是将其解释为一种世代传承的，由符号传递的图式体系，是通过濡化（或社会化）后代和涵化移民来实现的。这种传递以语言和榜样等为媒介，但也离不开建成环境和场所使用方式的作用。最后是将文化解释为一种改造生态和利用资源的方式，是人类通过开发多种生态系统而得以谋生的本性。[③]从人类社会的发展历史和新疆传统村落社会发展历史来看，这三类定义单独用在其中稍微欠妥，但是三类定义叠加复合就很贴切。事实确实如此，新疆传统村落的社员组成基本以单一民族或以单一民族为主，多民族杂居，进而聚居形成村落社会，经过长期的发展与融合，形成和而不同，特征鲜明的村落文化。尽管文化不是一种显性的物质性存在，但是确实客观物质环境可以在文化的影响下，将其文化基因密码通过客观实物和图形转译，并生成蕴含文化因子的便于人类认知的图形或物象。文化如同电脑硬盘里的数据，看不见，摸不着，只有通过硬件与软件的结合，通过专业的"思维"作用后，才被我们认知、理解和运用。关于文化是利用和改造自然环境，进而得已谋生与繁衍，也是生活于传统村落之中人们的基本需求，这种解释最直接，最容易被人们所理解、认可和信奉。达尔文的《进化论》中的"人类是制造和使用工具的高级动

---

① 马克思. 1844年经济学哲学手稿 [M]. 北京：人民出版社，2000：57.
② 阿摩斯·拉普卜特. 文化特性与建筑设计 [M]. 常青，等译. 北京：中国建筑工业出版. 2004：72.
③ 阿摩斯·拉普卜特. 文化特性与建筑设计 [M]. 常青，等译. 北京：中国建筑工业出版. 2004：73.

图2-41 伊犁州特克斯县传统村
落旅游民宿中的耕犁装
置（图片来源：曲艺民
拍摄）

图2-42 和田地区墨玉县喀尔赛
镇传统村落民居建筑屋
顶上的鸽棚景观（图片
来源：作者拍摄）

物。"可以相对有力地佐证这一解释。不可否认，在愈来愈浮躁的当代，淳朴已经逐渐稀有，然而文化却被赋予了更多的功能，从而缺失了太多的意义，在乡村，亦是如此。

可以看出，生活在西域的各族人民都有着勤劳朴实、自给自足的天性，他们热爱生活，适应环境，就算在极其恶劣的自然环境下，他们懂得发挥自己的聪明才智，最大限度地发倔自我潜能，过着载歌载舞的生活。笔者是四川人，在新疆工作、生活了12年，到访过新疆很多地州，接触过很多当地民众。因专业和职业缘故，总是喜欢与他们接触、交流，所以，笔者一直有一种观点，即人居环境既具有显性特征，又具有隐性特质，要了解和认知其中的文化，必须长时间不间断地去体验、感受，才能够形成自己整体性的乡村人居环境观。

图2-43　昌吉州玛纳斯县六户地镇传统村落民居建筑中的楹联文化景观（图片来源：作者拍摄）

第三节

新型城镇化对新疆
传统村落的影响

乡村振兴是党和国家的重大战略。自古以来，我国就是一个农业大国，三农问题一直是我国的最主要的问题之一。社会的进步和人类社会的发展，某种程度上可以说是由生产力决定的。生产力的发展并不能一蹴而就，必然存在着量变到质变的过程。生产力发展带动了社会的进步，并且对人类的生产生活方式产生了重要影响。以大量沙漠绿洲存在的新疆广大地区，农业现代化在全国都名列前茅。尽管新疆散布着新疆建设兵团的很多农场，但毕竟份额占比有限，主要还是依靠从事农耕的当地民众。农业机械化的全面实施，对传统村落的格局势必会造成影响，如犁地拖拉机、采棉机、收割机等，对乡村道路的幅宽和强度都有一定的要求。农业机械化的普及对新疆广大沙漠绿洲的乡村道路影响可能不是太大，因为新疆各地本身道路系统的各项标准都优于内地。调研发现，从道路的幅宽和平直程度看，新疆的县级道路品质都可以和云贵川的二级公路相媲美，这已是不争的事实。随着生产方式的改变，生产力水平的提升，民众均能够得到一定程度地实惠，并进城买房。新疆地域辽阔，县城与县城之间距离太远，冬季寒冷，夏季炎热，并且要从事农耕，冬季城里有集中供暖，比在乡下靠火墙取暖方便、卫生和健康。基于各种需要，小型机动车普及率在新疆广大乡村也很高。可以说，城镇化带动了乡村的发展与改变，乡村成为新时代城乡文化的重要载体，城市文化和乡村文化均为现代文化的重要组成部分。新疆的广大乡村依然保留着浓厚的传统民俗文化和勤劳朴实的地域性格，但是在城镇化的影响下，城市文化已全面渗透到了乡村民众生产生活的各个方面。

一、城镇化背景下传统村落生产方式变迁

生产力的发展决定生产关系。生产技术的发展程度决定着生产力发展水

140　　　　　　　　　　　　　　　　　　　　　　　　　新疆传统村落景观图说

平，并间接地影响着社会关系。农民承包土地以后，他们对生产工具、牲畜和农业机械化的投资不断增加。随着城镇化和农业机械化进程的加快，新疆广大地区传统村落也基本实现了农业生产的机械化。农业科技对村民的生活产生了极大的影响。首先，在于提高了农民的综合素质。在掌握和运用农业科技的过程中，农民能够感受到科技的力量，可以有效地改变农民的保守观念，促进现代性的形成。其次，农业科技有助于农民非农收入的增加。最后，农业科技在改变着农民的劳动方式和生活方式。[①]

（一）城镇化以前的主要生产方式

不管在古代还是现代，不管是资本主义还是社会主义，经济活动的规模效益规律始终在发挥作用，一家一户的自给自足的小农经济是低生产力水平的代表。城市将原本分散的人口在一个较为固定范围内集中，一方面人们不需要像小农生产方式那样从事所有种类的生产活动，每个人都只要从事一种或几种生产活动，甚至从事某一生产活动的一个环节，通过分工来提高生产效率。另一方面，积聚在一个较小的范围之内，人们能共享生产生活资料，降低成本。同时，人的本质不是单个所固有的抽象物，在其现实性上，它是一切社会关系的总和。在不断的日常交往下，人们更能激发灵感，发明更先进的技术，提高劳动生产率。20世纪中叶随着一大批殖民地国家独立并建设民族经济，许多西方发展经济学家也意识到城市化对一国经济社会发展的重要性。以城市工业为代表的现代商品经济部门和以农村传统农业为代表的传统自给自足经济，前者以现代科学技术为物质基础，按照现代企业组织方式进行经营，生产规模庞大，产品主要作为商品在市场上出售，具有较高的劳动生产率和利润回报。后者则以传统的方式进行耕作，生产规模狭小，生产工具简陋，劳动生产率低下，产品主要是满足生产者自身的需求，只有很少的剩余部分在市场上销售。只有将落后的传统农业部门进行生产方式的改造才能使农业摆脱生产率低下的局面。同时，传统农业部门在经济体中占大头意味着城市化水平低下，而城市化率低下导致社会物质财富积聚缓慢和社会收入差距过大，从效率与公平两方面制约经济体的发展。所以，目前农村生活质量较低和农民收入水平远远落后于城市等问题与城市化未达合理水平相关。尽管我国城镇化率已经大幅度提高，但是仍然有超过半数的人口留在农村，城镇化依然是解决农业发展和农民增收的主要途径，是促进我国社会经济发展的重要推动力。需要注意的是，我国的城镇化与西方发达国家所谓的城市化有所不同。中国的物质基础条件与文化习俗和

---

① 朱启臻. 农业社会学 [M]. 北京：社会科学文献出版社，2009：107-108.

图2-44 新疆建设兵团"戈壁母亲"垦荒场景（图片来源：来自网络）

图2-45 阿克苏市柯坪县阿恰勒镇传统村落中的驴车架（图片来源：张禄平拍摄）

西方不同，一方面我国农村人口众多而经济发展阶段未达到西方国家水平，不可能进行全国大规模城市建设。另一方面，我国农村不同于西方国家的农村，自古以来中国农村社会形成了"熟人社会"与"差序格局"。在差序格局中，社会关系是逐渐从一个一个人推出去的，是私人联系的增加，社会范围是一根根私人联系所构成的网络。在这样一个比较封闭的关系网中，人情面子问题是相当重要的，许多农民认为进城生活一定要体面，如果在城市里生活不够体面还不如一直生活在农村。所以，短时间内进行西方的城市化不现实。我国必须经历一个城镇化的过渡阶段从而进行城市化的各方面积累。总而言之，生产关系与生产力必须相适应，城镇化与当前中国经济发展相适应，较为恰当地发挥城市的积聚效应，克服传统农业分散而产生的在生产要素、分工、市场风险、技术等方面的弊端。发展经济学早已指出，城市化的一个重要目的在于转移农村的剩余劳动力，从而提高农业的生产效率和收入水平。长期以来，许多学者认为剩余劳动力的转移是农业发展的途径，其实不然。劳动力的转移是一种结果和现象，深层次的原因在于农业的工业化与现代化，改变农业的生产方式，引入现代农业生产才能解放农业剩余劳动力。[1]

农民的经济生活离不开生产资料与生产工具。土地是农业生产中不可代替的最基本的生产资料，农民依靠土地生存。生产力的发展决定生产关系，随着生产力水平的不断提高，生产关系也发生变化。改革开放以后，随着农业机械化、新栽培技术、施肥与农药的推广，农民依靠体力劳动的程度大幅度下降，劳动时间缩短，这导致了维村村民生活方式的改变与社会关系的调整。新中国成立前，新疆的土地占有制是一种封建土地私有制度。社会各阶层的土地占有情况有明显的差异。在维村，只有巴依和贫民两类之分。巴依是在阶级划分时期的地主、富农和部分中农，贫民是阶级划分时期的部分中农、贫农与雇农。贫农有半农和自由农民，这些贫农不是一无所有的，他们有一定的财富。[2]政治制度的变迁对村落社会生活产生深刻的影响。1955年以后，政治制度发生了急剧的改变，社会的政治、行政、经济和意识形态中心合而为一，国家与社会融为一体，资源和权利高度集中。这样，行政组织建立在基层，政治的影响从间接转为直接。乡村人口划分为不同阶级，每个人被组织到一个社会组织之中，那种以亲属和家族关系整合的村落社区已不复存在。土地制度也经历了从"耕者有其田"到合作化、公社化，再到家庭联产承包责任制的过程。改革开放以后，村落的农田与水利建设快速发展，村民的生产基本实现了现代化。[3]

---

① 许安拓，张立锋. 试论乡村振兴战略下农村生产方式变革与城镇化的关系 [J]. 财政科学，2019（04）：89-98.
② 吐尔地·卡尤木. 维村社会的变迁 [D]. 北京：中央民族大学，2011：90.
③ 吐尔地·卡尤木. 维村社会的变迁 [D]. 北京：中央民族大学，2011：92.

图2-46　和田地区墨玉县阿克依乡富民安居工程景观（图片来源：晏晶晶绘制）

（二）城镇化对生产方式的主要影响

　　对于中国农业方面的改革和发展方向，邓小平同志早有断论，最著名的是"两个飞跃"的断论。早在20世纪90年代初农村家庭联产承包责任制对农业发展显现其巨大推动作用时，邓小平就明确地提出，"中国社会主义农业的改革和发展，从长远的观点看，要有两个飞跃。第一个飞跃，是废除人民公社，实行家庭联产承包为主的责任制。这是一个很大的前进。第二个飞跃，是适应科学种田和生产社会化的需要，发展适度规模经营，发展集体经济。"[①] "农村经济最终还是要实现集体化和集约化……特别是高科技成果的应用，有的要超过村的界限，甚至超过区的界限。仅靠双手劳动，仅是一家一户的耕作，不向集体化集约化经济发展，农业现代化的实现是不可能的。"[②]中国经过四十余年的高速发展，已经到了邓小平同志所说第二次飞跃的阶段。而这种农业生产方式的飞跃需要一个具体实践的载体——农村城镇化。农村城镇化可以说是解决未

① 邓小平文选（第三卷）[M].北京：人民出版社，1993.
② 邓小平年谱：1975-1997 [M].北京：中央文献出版社，2004.

图2-47 昌吉州奇台县半截沟镇
机械化打草作业现场
（图片来源：作者绘制）

图2-48 昌吉州玛纳斯县机械化
采棉作业现场（图片来
源：网络资料）

图2-49　昌吉州奇台县半截沟镇小麦收割作业现场（图片来源：作者拍摄）

来中国农村发展的出路。众所周知，农村与城镇最大的区别是从事产业的不同，农村开展以土地为中心的生产活动，城镇不以土地地力为前提发展制造业，在此相异的生产基础上进一步产生截然不同的文化、道德、娱乐等人文景象和生活方式。同一地区的土地有限，从事农业人口的增长，将导致土地分配不足，产生多余农业人口，此时如果多余的农业人口去从事非农产业，则不仅能够解决农业人口过剩，而且也会促进城镇化水平的提高。在农村实现非农人口的就业，仅仅依靠农村自身根本不够，农村的本性是安稳、传统、重复，需要外来力量的刺激来打破这种循环。这种力量来源于城市和其现代化生产方式。所以说农村城镇化与农业生产方式的变革是相互促进的关系，两个不可偏废。城市的发展需要一二三产业的结合，表面上城市的兴旺繁荣是二三产业带来的，但第一产业则是人生活在城市的基础，正所谓"土地是财富之母，劳动是财富之父"。作为农村与城市纽带的城镇更是如此，城镇化的农村之所以能发展在于其在一定范围内具有垄断性质的产业优势，这种优势只能在农业。当前我国农业大多还处于一家一户生产水平上，无法发挥农业的优势。马克思早已指出"这种生产方式是以土地及其他生产资料的分散为前提的。它既排斥生产资料积聚，也排斥协作，排斥统一生产过程内部的分工，排斥社会对自然的统治和支配，排斥社会生产力的自由发展。"为此必须进行农业生产方式的革命，从而实现我国农业的现代化和规模化，提高农业生产效率。农业生产方式的变革需要从生产资料的集约化入手。生产资料中最重要的就是土地，作为生产环节上游的土地集约规模化经营不仅能发挥内外在的规模经济与集群效应提升农业的生产率，还能为弥合二元经济创造必要条件。同时，有利于物质、资本、技术、人力进入农业，实现农业的商业化，延长农业生产链，深化农业分工与专业化。[1]

从长期发展来看，家庭农场是农业产业兴旺的最优方式，但联想到在可预见的未来，农村人口占总人口的比重仍然较大，不可能实行大农场的规模化经营。集体性质的农业合作化与合作经济组织完全代表了农民的利益，同时也将改变目前农民没有组织性治理局面，增强农民在合作组织中的参与度，提升基层治理水平。另一方面，集体经营也能保障那些进城务工后又返乡的农民工的生计，处于同一熟人社会不管是土地调换还是邻里照顾，其便捷和效果明显高于同集体之外的交涉。现实也倾向于发展合作组织，我国农业人口和土地户籍制度将我国农业生产发展为没有无产化的资本化，不管是民国时期还是近几年，农业资本不断进入三农，我国农业雇佣劳动的比例只有3%左右。中国地域广阔，尤其是农村地区，不同地区的农村有完全不同的人文自然特点与资源。而农村城镇化与其产业的发展是密不可分的，没有农村生产方式的变革和农业的产业化，城镇化就缺少支撑点。这样的城镇化是走不长远的，更不要说进一步发展为城市。[2]

城镇化的农村在整个经济中最主要的使命就是，作为农业生产区域和各类大中型城市的经济纽带。因此，在农村城镇化的过程中，需要立足于当地农村农业的特色资源，在进行本身辖区内规模化生产的同时还应该在地区乃至全国参与城市间的分工协作网络，以免再次进入小生产模式之中。任何事物的形成与发展都有其自身普遍和特殊的发展规律。在不同的时空、资源禀赋、区位条件、传统文化和政策习惯制度下，农村的城镇化会有不同的实践模式，根据生命成长理论和我国现阶段的实际情况来看，农村城镇化模式大致可以从三个阶段来

---

① 许安拓，张立锋. 试论乡村振兴战略下农村生产方式变革与城镇化的关系 [J]. 财政科学，2019（04）：89-98.
② 同上。

图2-50　伊犁州新源县那拉提草原
　　　　阿尔善村旅游民宿庭院
　　　　（图片来源：廖剑绘制）

图2-51　阿克苏市库车县阿拉哈
　　　　格镇托乎拉四村苏甫尔
　　　　乐器厂（图片来源：作
　　　　者拍摄）

考虑。初期主要考虑其所拥有的资源禀赋；中期则在初期的基础上优化产业结构；最后将行业制度和经营体制机制的变革作为重点。[1]

---

[1] 许安拓，张立锋. 试论乡村振兴战略下农村生产方式变革与城镇化的关系 [J]. 财政科学，2019（04）：89-98.

从世界范围内看，全球各国的生产力的发展都将影响人民的生产方式，我国更是如此。改革开放以来，为了增加工业现代化建设，我国大力引进外资，经过多年的发展，沿海地区的制造业确实为国家的各项事业发展作出了卓越贡献。在物质条件得到了一定满足后，人们开始注重人居环境品质的提升，环保意识增强。很多中小企业因为一些指标难以达标或者成本太高等原因，逐渐被西部欠发达地方引进。在此，咱们不论功过。但是能够确定的是，这些企业所到之处，确实改变了当地部分人民的生产方式。之前很多民众以农耕生活方式为主，收入微薄，很多家庭经济都比较拮据。通过招商引资，因工业园区或厂房修建被征地的民众通过政策引导、职业技能培训，积极加入到工厂企业中去，成为有社会保障和周末双休的产业工人。近年来，全疆各地开办的职业技能中心，对广大青年进行义务培训，课程结业后有的在本地工作，开车上下班，有的愿意到内地大企业工作，能够得到更加丰厚的薪酬。

二、城镇化背景下传统村落人居文化变迁

人居环境文化属于文化之子范畴，主要包括居住区（聚居区）地理环境、民居营造文化、器物文化和生活在其中的民间风俗文化等。其实中国传统人居文化相对比较朴素，即天地人宇宙观和匠作文化等。随着社会发展，学科理论的丰富，民居之于建筑似乎显得越来越有"文化"。新疆民居建筑研究专家李群教授指出，新疆传统村落人居文化主要指生土民居文化，这种文化即土性文化。新疆民居是乡土历史的自然产物，为世代沿袭的建筑范式。大量生动事实表明，运用生土台地营造建筑体系，是新疆建筑替代木材的传统方式，尽管它与古老的民间风俗有关，但仍然不乏生土民居数千年的乡土营造理念与技艺的积淀。西域先后有车师、塞人、匈奴、汉、柔然、突厥、回鹘等众多部落和族群在此生存繁衍过，出于生活需要，游牧民族定居以后更多以因地制宜和就地取材的方式进行营造房屋。[1]新疆是我国生土民居建筑主要集中地区之一。当地民风淳朴，民居建筑乡土气息浓厚，并且因地域和历史源流因素，具有丰富的人文内涵，具有和而不同的特色与艺术风格特征。诚然，随着城市化进程的加快和乡村振兴战略的大力实施，新疆城乡得到了空前发展。从规模、数量、质量方面来看，确实是前所未有。在新疆广大乡村取得长足发展的同时，在乡村人居环境提升与景观风貌整治方面还是存在着散居和杂居的问题。由于缺乏统一的规划，或者说适应乡土村落人居环境规划方法的缺失，在如何面对传统民居建筑的保留与传承，生活方式与空间环境如何适应等方面考虑得不够，也存在着不少弊端。

---

[1] 李群，安达甄，梁梅. 新疆生土民居 [M]. 北京：中国建筑工业出版社，2014：1.

图2-52 和田地区墨玉县庭院经
　　　　济景观（图片来源：张
　　　　鉴绘制）

图2-53 阿克苏市柯坪县阿恰勒
　　　　镇"美丽乡村"景观风
　　　　貌（图片来源：张禄平
　　　　拍摄）

美国建筑师阿摩斯·拉普卜特（Amos Rapoport）在《宅形与文化》中，从不同观念和体系是如何影响着人们享用其住所的，人类的建造行为是如何改变环境，改变的后果如何等方面进行思考。常青院士在翻译此书并引进国内时，评价"该书以人类学和文化地理学的视角，通过大量实例分析了世界各地住宅形态的特征与成因，提出了人类关于住宅选择的命题，在国际建筑界内外都有广泛的学术影响。阿摩斯·拉普卜特以文化相对主义和法国年鉴学派的历史观，对人类社会不同种族现存的居住形态和聚居模式进行跨文化的比较研究，试图从原始性和风土性中辨识恒常与变异的意义与特征，以反思突进的现代文明在居住形态上的得失，为传统价值观消亡所带来的文化失调和失重寻求慰藉与补偿。"[①]阿摩斯·拉普卜特在著作中把"人皆为匠"的原始性房屋、"工匠建造"的民间建筑、工业化以来非职业建筑师设计的大众简约建筑和建筑行业设计建造的现代住居，放在同一文脉中进行观察和分析，实际上打破了古今及工业化前后界限和时间分野，从实存环境与建筑形态问题出发，对上层风雅传统之外的民间风土传统及其现代引申进行共时性研究。作为书中核心概念的"宅形"，并非泛指住宅的外观形式或风格，而是特指与居住生活形态相对应的住宅空间形态，包括了布局、朝向、场景、技术、装饰和象征方面的内容。阿摩斯·拉普卜特认为，"宅形"从原始风土型到风土型再到现代型的演化，是生活形态和建筑行业的"分化"所引发的。而其形态各异的演化特征，则是物质因素和非物质因素综合作用的结果。[②]

（一）城镇化以前的人居文化

经济基础决定上层建筑。该论断在某些时候可能显得有过之而无不及，但是在人居环境建设方面是比较客观适用。《宅形与文化》中论述的"风土建筑"主要指民间建筑，也就是民众的居所、房屋。属于上层设计传统的历史纪念建筑或官式建筑，是向平民民众炫耀其主人的权力，或跻身上流社会设计师的聪慧和雇主的上好品位。而民间的盖房习惯则下意识地把文化需求与价值，以及愿望、梦想和人的情感转化为物质形式。这是缩微的世界图景，是建筑和聚落中显露出的"理想"人居环境，不需要设计师、艺术家或建筑师来"班门弄斧"。民间盖房习惯与大多数人的真实生活息息相关，是建成环境的主体，而代表着精英文化的上层设计传统则远没有这么实在。近十年以来，新疆传统村落民居建筑营造方式有了很大的改变，尤其是以阿以旺为主要民居建筑形式的和田地区，村落里也修建了不少楼房，在庭院和建筑构件上仍保留着传统的装饰艺术风格特

① 常青. 人类选择了宅形 [J]. 重庆建筑，2010，9（06）：59.
② [美] 阿摩斯·拉普卜特. 宅形与文化 [M]. 常青，等译. 北京：中国建筑工业出版社，2007：1-2.

图2-54 喀什地区喀什市高台生
土民居（图片来源：作
者绘制）

图2-55 和田地区墨玉县喀尔
赛镇传统村落中的古
民居（图片来源：作
者拍摄）

图2-56　昌吉州木垒哈萨克族自治县西吉尔镇古民居（图片来源：刘晶拍摄）

征；传统的民居庭院有杂物储存空间，但是没有车库。随着城市化进程的加快和出行方式的改变，新建房屋专门设有车库，部分家庭也对老房屋进行了改建或改造，体现出乡村人居环境营造对生活方式的调试过程与适应心理。

1960年以前，维吾尔族同胞普遍是室内砌土炕，土炕之大，约占住室面积的一半。土炕是全家生活起居、待客的活动场所。富裕家庭炕上铺有地毯、毛毡之类，贫困家庭铺线毯帕拉子和草席。土炕上放置长方形大木柜，木柜是全家口粮、衣物、钱财的"储藏所"。被褥、枕头等在白天则折叠堆放木柜上，土炕上放置有长方形或圆形小桌子。锅台与土炕相通，冬季做饭，火烟有锅台转入炕内，烧柴火，饭熟炕热，节约能源，一举两得。1970年代以前，运来柴火解决家庭取暖问题是男人的主要任务。村民去塔克拉玛干沙漠周围，搬运来枯干的胡杨柴或梭梭。去一趟要花两三天时间，一次运来的柴火能用一个月左右。所以每家的男人一年几次去沙漠周围运柴火。1980年代中期以来，大部分家庭不用土炕，大板床取代土炕，用火炉取热，取暖烧煤。1990年代末，每吨煤80元左右。这虽然增加经济支出，但是降低了男人的劳动强度。煤的价格每年不等，有些年90元每吨，有些年100元每吨。1990年代以前，房屋的大小门、窗户等用木头制作，1990年代后期开始用铁质制作。[1]现在窗户基本用塑料钢制作，有些家庭开始购买防盗门，村落民居建筑与风貌有了较大的转变与质的飞跃。

---

① 吐尔地·卡尤木. 维村社会的变迁 [D]. 北京：中央民族大学，2011.

图2-57 伊犁州新源县那拉提草原
阿尔善村旅游民宿景观
（图片来源：廖剑绘制）

（二）城镇化对人居文化的主要影响

　　1990年以来，由于新疆经济发展水平低，新疆的一些城市设立和建设主要基于资源发展和边疆稳定因素进行考虑。到2004年全疆城镇人口增至690.11万人，城镇化水平达到了35.2%。西部大开发战略实施以来，南疆地区在村落基础设施建设、生态环境整治建设、产业结构优化、科技教育发展和人力资源开发等方面得到了前所未有的发展。喀什、和田、阿克苏等地区的传统村落，在交通、通讯、供水、供电等基础设施方面取得了长足进步。尤其是考虑到很多传统村落的民众对乡土不舍的情谊，对庭院多年的情感归属，基本上坚持人性化建造或整治原则，最大限度上尊重和满足人民群众的乡土情怀。

图2-58 和田地区墨玉县阿克萨
拉依乡维吾尔民居庭院
入口景观（图片来源：
晏晶晶绘制）

图2-59 伊犁州特克斯县传统村
落旅游民宿景观（图片
来源：曲艺民拍摄）

图2-60 和田地区墨玉县喀尔赛
镇传统村落中的别墅建
筑庭院（图片来源：作
者拍摄）

由于绿洲被沙漠戈壁分隔，大部分绿洲村落散布于盆地边缘，毕竟这里有阿尔泰山山脉、昆仑山山脉、天山山脉的冰雪融水，能够满足基本的农业灌溉和生活用水。正因为吐鲁番盆地是比较特殊的一个地区，才有不朽的坎儿井遗产和火洲民居文化。近年来，在党和各级政府的引导下，兄弟省市的帮扶下，人民群众的努力下，天山南北几乎所有的乡镇都已完成乡镇楼房住宅建设，而且各级政府与组织对民众的补贴力度很大。从历史发展的角度看，哈萨克族同胞因其生活方式是以牧业为主，因冬季转场或定点放牧需要，其居住方式有冬房、夏房之分。在新时代的当下，新疆的大部分农村民众也有自己的"夏房"和"冬房"。四月初，他们回到乡下从事农业种植，打理菜园，过着田园牧歌式的乡村生活。秋收以后，白菜、萝卜、大葱等冬菜已准备就绪，前往城市或镇上楼房居住，和城里人一样的居住方式。场镇上的集中住宅小区基本上是邻里乡亲，人际关系和乡村一样淳朴而和善。新疆广大乡村民众的两栖生活，其幸福感和具体指数在全国很高，值得肯定和赞誉。诚然，城镇化对传统的人居生活方式也产生了较大影响，如很多家庭的子女进城务工，后来在城市定居，只是节假日或不定期回家探望父母，部分家庭在冬季时，父母去城里和子女一起居住。很明显，长此以往，乡村必将空心化，甚至凋敝，这或许是难以避免的，而靠政府投资进行整治乡村风貌去延续乡村文脉，则显得步履维艰。

"村落"，属于地理学、人类学和社会学相关的概念语汇。在考古学和其他语言汉译时，"村落"和"聚落"常混合使用来表示同一概念。村落指的是大的聚落或多个聚落形成的群体，常用作现代意义上的人口集中分布的区域，包括自然村落（自然村）、村庄区域。村落景观指的是自然村落（自然村）或村庄区域内，不同景观构成要素构成的空间整体视觉形象[①]。在某种意义上，村落景观和城市景观有着不同地域、不同规模，但是同一性质的问题。

一、景观格局

景观格局分析是研究景观组成特征和空间配置关系的分析方法，它是研究景观功能和景观动态演变的基础。所以，景观格局分析是景观生态学研究的重要方法和途径，也是与其他尺度生态学研究相区别的主要特征，它强调空间异质性、生态学过程和尺度的关系，是景观生态学研究最突出的特点。景观的异质性决定了景观空间格局研究的重要性，对景观格局进行定量描述与分析，是揭示景观结构与功能之间的关系，刻画景观动态的基本路径。对于自然资源的管理、生态环境的优化、生物多样性的保护等都具有十分重要的意义。通过景观格局分析，找出景观格局形成的影响因子和内在机制，进而揭示景观格局和功能之间的关系，从中找出目前景观格局中存在的问题，在此基础上应用景观生态学中的结构与功能的研究成果，进行景观生态规划和设计，通过组合和引入新的景观要素，从而调整或构建新的景观结构，达

---

① 王军奎，余敏. 村落景观格局规划原则探析［J］. 平顶山工学院学报，2008（05）：5-7.

图2-61 昌吉州木垒哈萨克族自
治县英格堡乡传统村落
景观格局（图片来源：
作者绘制）

到优化景观功能的目的。[①]

　　在GIS系统下观察新疆景观生态格局，能够清楚地发现新疆大部分人口居住在山脉水草资源相对较好的地区或沙漠绿洲地区。同时，新疆的传统村落也主要集中在该地区。从生产生活方式来看，新疆传统村落既包含有游牧生产方式又有农业生活方式。因地域环境和族群亦有所差异，一般情况下，当地民众有逐水草而居和不断迁徙进行游牧的生活方式存在，也有围绕绿洲定居，过着以农耕为主要生活方式的定居生活。因生活方式的差别，村落的形成过程和组织形式都不相同，既是各族群组织体系的体现和对生活、生产场所地理环境的适应，又受新疆地区悠久历史、多元文化、宗教、经济发展等因素的影响。新疆幅员辽阔，自然生态环境差异明显，一定的地理、气候条件对应一定的放牧与农田耕作系统，进而产生不同类型的农业景观，促进聚落呈现出多样化的景观形态与格局。新疆农业景观类型的差异，产生了诸如游牧与农耕、平原与山地、旱地与灌溉等聚落间的重大分野，进而影响到农村聚落的分布结构及其内部形态特征。例如，以游牧业为主或农牧兼顾的聚落通常房屋较少，院落宽大满足牲畜圈养与草料堆放，造成村落结构稀疏，形态松散。而农耕为主的聚落，民居建筑复杂、形态紧凑、聚居人数较多，体现了对土地的珍惜与尊重。[②]概括地讲，新疆80%以上的传统村落以农耕为主，过着日出而作，日落而息的诗意生活。

① 许英勤. 塔里木河下游垦区绿洲景观格局研究［D］. 乌鲁木齐：新疆农业大学，2004：37.
② 王军. 西北民居［M］. 北京：中国建筑工业出版社，2009：34.

从农业景观的构成要素来看，新疆的农耕村落景观，具有以单一农作物构成的特征。农业生产地块是农业景观空间结构构成的基本景观单元，不同农作物种植地交错分布，成为农业景观的镶嵌体的具体特征。从表面来看，这种景观空间结构是农作物种植上的差异，而实际上反映了农业自然资源的适宜性。特别是土地利用的适宜性，农业气候的适宜性等自然生态条件的制约。这在塔里木河下游垦区表现得十分明显，由于上述自然条件的制约，区域耕地、园地、草地、林地与沙丘地相间分布，不便耕作和灌溉管理，且对区域人居环境有着较大的不利影响。[①]垦区以农业景观为主体，由土地、农作物种植和农业生产格局、过程以及农业生产的辅助景观共同组成，是以农业生产为中心的景观综合体。它不仅包括农业土地利用景观，如耕地（稻田、麦地等粮食种植和棉花、甘草等经济作物种植等）、草地、林地、园地、水域养殖等，而且涉及农业生产方式、生产模式和农业活动等。农业的开发过程不仅改变了景观格局，同时也在较大程度上改变了景观的生态过程。农业景观优化的目标是在农业生产与景观环境保护之间建立高度协调的可持续农业发展模式，这种发展模式体现在农业生产的各个环节，充分体现农业景观的生态性、生产性、效率性、美学价值和作为宏观背景的景观特性，农业生产不仅能够改善生态环境条件，创造生态平衡，而且要能保护生态类型的多样性和生物多样性，为人们提供广阔的游憩休闲空间，改善人居环境。[②]

二、村落肌理

　　村落肌理具有景观设计学之意象，其概念源头主要来自于"聚落形态"。聚落形态（settlement pattern）最初乃地理学的重要概念，随后多运用于民族学、考古学科领域，1980年代末期被引入建筑学科的民居研究领域。不同学科对聚落形态的定义存在一定的差异。在人文地理学研究中，聚落形态"指聚落的平面形态及组织结构形式，可反映聚落与环境的密切关系，即不同的环境条件有不同的聚落形态"。[③]民族学强调聚落形态是"人类居住地的生存空间组织模式。人是社会化动物，按一定规范组织在一起的人群居住在一定地域即构成聚落。人们由于文化背景的差异、文化变迁、生态差异等原因而对环境产生不同的适应，从而形成不同聚落形态。聚落包括居处、墓葬、手工业活动场所、道路、贸易点、宗教活动场所以及周围的自然环境"。[④]作为考古术语的聚落

① 许英勤. 塔里木河下游垦区绿洲景观格局研究 [D]. 乌鲁木齐：新疆农业大学，2004.
② 同上。
③ 林崇德，等. 中国成人教育百科全书（地理·环境）[M]. 海口：南海出版社，1994：332.
④ 陈国强. 简明文化人类学词典 [M]. 杭州：浙江人民出版社，1990：504.

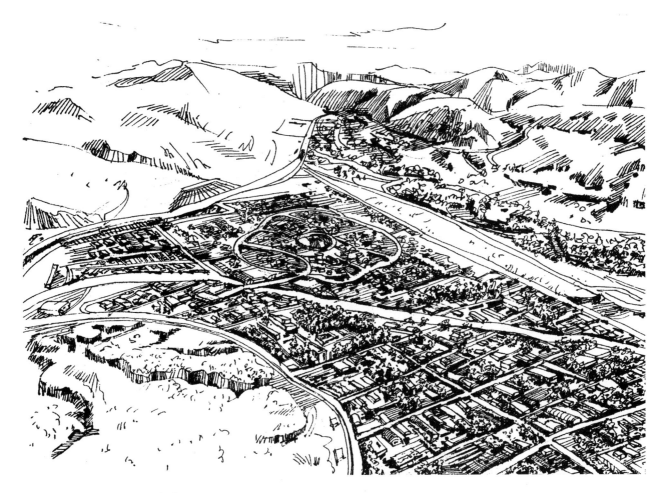

图2-62 伊犁州新源县那拉提草
原阿尔善村景观鸟瞰图
（图片来源：王丹绘制）

形态，最著名的定义是美国学者戈登·魏利（Gordon R. Willey）在《维鲁河谷的史前聚落形态》一书开头的论述：" '聚落形态' 一词可解释为人类在所居住的地面上安置自己的方式。它包括房屋的安排，以及与群体生活有关的其他建筑物的性质与处理方式。这些聚落反映了自然环境、建造者的技术水平，以及该文化所拥有的各种社会互动与控制制度。"[①]

因新疆自然生态环境以多干旱、少雨、多风沙为主要特征，境内总体降水稀少，因天山积雪容量可观，且夏天多融化汇集成河，形成的冲积扇土壤肥沃，适宜种植，因而当地原住居民多选取冰山融雪汇集而成的河流冲积扇平原驻足农耕。海拔相对较高的北麓山区地带，由于受北大西洋暖流带来的水汽影响，降水相对丰富，草场丰裕，因而成为以游牧为生的少数族群的理想寄居之地。[②]新疆境内的汉族人多由清末军屯成员和新疆生产建设兵团的转

---

① 卜工. 文明起源中国模式 [M]. 北京：科学出版社，2007：271.
② 雷祖康，张宝庆. 基于GIS与肌理分析的天山北麓聚落类型分析 [J]. 南方建筑，2019（01）：1-6.

业军人的后裔组成，由于历史原因和民族习性，使得汉族聚落均以农田耕作作为其主要生产方式，因此产生汉族聚落海拔高程相对较低的现象。因伊犁河谷与北麓山区阻挡了西部暖湿气流，因而造成该区域平原与盆地获得水汽较少，故多属于干旱与半干旱气候类型，从而造成气候类型数据与地形数据也具有高度的相关性。[①]

　　沙漠绿洲是新疆盆地绿洲传统村落存在的主要载体。根据田野调研数据将样本聚落空间按中微观层面的表象特征分为汉族聚落和少数民族聚落两个大类，通过聚落空间肌理的研究与分析可将天山北麓聚落细分为地方农垦聚落、兵团聚落、少数民族农耕聚落、定居牧业聚落和传统农牧聚落五个小类。新疆绿洲传统村落空间形态特征通过地理信息处理系统分析得出，绿洲传统村落在地理空间单元上整体呈现出"大分散、小集聚、低密度"空间分布；区域位置上"环天山两麓、沿山前及平原水区"呈点状、斑块或片状分布；"沿河流、顺川道"呈串珠状、群带状分布；主要以"逐水草而居、随渠井而扩散"形态特征为主。以新疆玛纳斯县东湾村为代表的位于山麓冲积平原的地方农垦型聚落，多位于天山北麓冰雪融水河流流域下游冲积扇平原处。周边土地因河流泥沙沉积而土壤肥沃，适宜作物种植，农耕、服务于农耕的辅助劳作和围绕农业生产而进行的农居生活，便成为当地村民的主要生产生活方式。每个村落都有历史原生的公共交往与互动空间，也算是村落的核心区域，村庄道路以规则式和自由式两种方式从核心区向四周扩散，延伸至过境道路或田间地头。[②]经过近30年的建设，全疆各地的乡村基本上以规整式布局展开，在地区条件差或比较偏远的地区，很多传统村落得已保存其原有的村落布局，在美丽乡村建设事业的大力支持下，大部分村落本着"重保护、微介入，修缮传承为主，延续历史文脉"的理念进行建设，取得了重大成效。新疆入选中国传统村落名录的大部分村落，其景观都是原生自然式景观格局。

三、建筑形态

　　建筑形态主要指建筑本体存在的一种状态，即形态与样式，同时又必须包括与之共同存在的室内空间形态与外部场所形态，进而综合呈现出一种虚实相生的状态。历代中外建筑师都崇尚于建筑形态构成。建筑构成及其手法在多数情况下都是在确定建筑设计意图时的一个手段，而绝非目的。建筑设计的目

① 岳邦瑞，王庆庆，侯全华. 人地关系视角下的吐鲁番麻扎村绿洲聚落形态研究［J］. 经济地理，2011，31（08）：1345-1350.
② 孟福利. 新疆绿洲型历史文化村镇空间特征、类型及成因机制研究［J］. 贵州民族研究，2017，38（01）：94-97.

图2-63 巴州焉耆县七个星镇霍
拉山村维吾尔族传统村
落民居建筑（图片来源：
作者拍摄）

的说到底是要使建筑成为丰富人们生活或者是精神的一种存在。①日本建筑学家小林克弘在《建筑构成手法》中将现代建筑构成手法高度概括为比例、几何学、对称、分解、深层与表层、层构成。

完美的比例是产生建筑美的最主要因素之一。虽然现代建筑家们很少正面

———————————————

① 池丛文. 西方当代建筑设计手法剖析与研究［D］. 杭州：浙江大学，2012.

图2-64　昌吉州木垒哈萨克族自
治州西吉尔镇传统村落
民居建筑（图片来源：
作者拍摄）

图2-65　昌吉州奇台县江布拉克
景区万亩旱田中的传统
村落合院式民居建筑立
面样式（图片来源：作
者拍摄）

图2-66　昌吉州奇台县江布拉克景
区万亩旱田中的传统村落
合院式民居建筑基础与立
面样式（图片来源：作者
拍摄）

去论述比例，但是这并不代表其不被重视。反过来说，正是因为比例对于建筑太重要。在美感方面，比例是基础的基础，很多研究者误认为古代建筑学家、画家已经对其研究透了，没什么再值得研究，并且在当前的建筑语境下，认为研究比例是落后的直接表现。诚然，前辈们给我们留下了众多关于建筑比例与形态构成的文献资料，但是又有多少学者对其进行过深入而精进的研究呢？并且有所新解，能够以飨读者。这种试图瓦解所谓"完美比例"的创作手法，不只是在现代。众所周知，在文艺复兴初期也颇为盛行。米开朗琪罗就是代表之一，看一下与他同时代的维扎里所著的传记就能够了解米开朗琪罗的比例感觉在当时被视为与众不同。但是，若要瓦解完美比例的理念，首先就要弄清楚何为完美比例。然而，特定的自然地理环境和人文背景，铸就了新疆当地传统村落民居建筑十分重视完美比例的理念，将有限的资源通过比例的演绎达到了极致效果。如建筑形制布局、外立面比例结构、生土材质衬托下的门窗雕刻、装饰艺术等。

在建筑学领域的乡土民居建筑研究中，"聚落形态是指聚落的整体空间组织形式，即构成聚落的各实体要素在空间上的排布方式所呈现出的总体特征，包括二维的聚落平面布局形式（水平形态），也包括三维的聚落立体布局形式（垂直形态）"。①从人地关系的视野出发，聚落形态反映人类对土地的利用方式及其外显结果，即"人及其群体在土地上所从事的活动。"②留下的印记，"人类存在的物质迹象在地面上的分布"情况等。③简言之，聚落民居形态就是人类在所居住的地面上安置自己的方式，其本质是在一定时空范围内人地关系的外显方式。从人地关系的视角考察某一时空聚落形态特征，旨在"探讨建筑物（群）与自然环境的关系及建筑物之间的空间关系"，并通过对这种特殊空间位置的价值分析，能够建立一种"最大程度地利用资源和最低限度地耗费人力的理想性生存位置的基本模式"。④从人地关系视角看，作为干旱区绿洲型农耕聚落的典型代表，麻扎村乃是研究绿洲聚落的土地资源利用与村落形态关系的典型样本。位于吐鲁番鄯善县土峪沟乡的麻扎村是以土地为本、以农业生产活动为基础而形成，已有2000多年的历史。村内有保存完好的维吾尔族生土民居以及艾苏哈普凯·赫夫麻扎，并与著名的土峪沟千佛洞毗邻。⑤

经过历代的发展与传承，新疆各族人民在适应当地气候、地理环境等自然条件的过程中，因地制宜，本着经济适用的原则，发挥自身勤劳与智慧，进行

① 岳邦瑞. 地域资源约束下的新疆绿洲聚落营造模式研究［D］. 西安：西安建筑科技大学，2010：24-25.
② 孙施文. 现代城市规划理论［M］. 北京：中国建筑工业出版社，2007：256.
③［美］杰里米·A·萨布罗夫，温迪·阿什莫尔. 美国聚落考古学的历史与未来［J］. 陈洪波，译. 中原文物，2005（04）：54-62.
④ 陈国强. 简明文化人类学词典［M］. 杭州：浙江人民出版社，1990：505.
⑤ 岳邦瑞，王庆庆，侯全华. 人地关系视角下的吐鲁番麻扎村绿洲聚落形态研究［J］. 经济地理，2011，31（08）：1345-1350.

了大量的乡土营造实践。作为实践结果的民居建筑因族群、地域、审美文化等差异又存在着不同的形态样式。平原地区以一层建筑为主；山区或丘陵地区以二层楼房或带半地下室为主；干热地区以高棚架庭院进行光热资源微气候调节等。但是，能够明确的是这些建筑，均具有样式朴素、形制合理、注重装饰细节等特征。从民居的形态结构与分布地区来看，几乎囊括了人类为探索建筑形态、营造方式的全部内容。可贵的是，这些民居建筑依然在新疆地区得以传承。这些民居建筑是当地民众追求理想人居环境的价值追求和劳动实践，是新疆地域建筑文化思想的结晶，对当代建筑创作具有极高的价值。

四、景观材质

景观材质的定义具有广义和狭义之分。广义的景观材质指一定地域的地貌材质构成与形态表现，如地域景观风貌等，主要用于景观生态学与规划领域。狭义的景观材质主要指具体景观项目的景观材质种类、特征、形态表现与意象等，具有很强的具体性和实践性，并且与设计、施工、造价等息息相关。从操作层面讲，景观材质分硬质景观材质和软质景观材质。新疆传统村落民居建筑的景观材质主要由当地的乡土景观材质构成。乡土景观材质，是当地人为了适应环境、满足生存需求向自然界就地取材的原始性的建筑与景观材料，是一定时期内居民自发组织的生产生活方式的客观显现，记载了不同时期居住环境的时代变迁，反映了人与自然、人与社会的相互关系。土、木、石、砖、瓦、作物秸秆、乡土植物等原始材料从属于地域性传统材料。在材料表现力方面，乡土景观材质与现代建筑广泛

应用的混凝土、玻璃幕墙、钢结构等现代材料相比，具有更加深刻的文化沉淀和历史韵味。[1]

受地理环境、气候、经济、历史人居方式的影响，新疆传统村落的营造材质主要以乡土材质为主。新疆除沙漠和山区以外，利用生土营造房屋的现象几乎遍及全境。新疆的土质大部分为黏性大孔性土质，潮湿时强度极低，干燥时则相对坚硬。若用生土加水搅拌均匀做成土块，干燥后强度又可增加。故新疆民居利用生土为建房用材之大宗，实为方便、节约又接近自然生态的好方法。[2]人类在充分利用生土营造栖居之所的初始，无非借助于大自然所提供的丰富的黄土资源，或者在地面或在悬崖陡坡上进行掏挖，整个具有良好黄土资源的丝绸之路沿线存在着大量的窑洞民居。李群教授在《生土民居》中对新疆生土民居进行了类型学分类，并且对夯土建筑和土坯建筑进行了科学而详实的论述。如对传统村落的地理环境、土质情况、夯筑成分、设施、技艺、具体规格等进行了量化，对于研究新疆地域建筑与景观的学者起到重要范式作用。

随着城市化进程和美丽乡村建设事业的大力推进，以生土为原材料的传统村落民居营造，需要处理好建筑与周边自然环境的和谐统一关系。生土景观材质作为大自然的产物，不仅体现了材料形成过程的历史性和生态性，在触碰时给人的手感、敲打时淳朴的音色、近嗅时清新的泥土气味，无不散发着自然乡土气息，成为了自然中最为亲近、朴实的乡土材料类型。社会在发展，时代在进步，美丽乡村建设也需要适应新的生产生活方式和审美理想。

乡土景观材质在应用到传统村落民居建筑的营造中时，需要考虑到生土本身的粗犷质感，给以一种亲近自然、回归本质的文化气息。乡土景观材质以其本身塑型能力强的特点，激发了乡村建筑师的创作灵感，营造了极具艺术感的建筑作品。王小

---

① 尹春然. 乡土材料在地域建筑营造中的美学探析 [D]. 长春：东北师范大学，2016.
② 陈震东. 新疆民居 [M]. 北京：中国建筑工业出版社，2009：66.

图2-67 昌吉州奇台县江布拉克
景区哈萨克族牧民井干
式建筑天山雪松材质
（图片来源：作者拍摄）

图2-68 昌吉州玛纳斯县北五岔镇
沙窝道村传统村落庭院生
土围墙与杨树枝柴扉（图
片来源：作者拍摄）

图2-69 昌吉州木垒哈萨克族自治县西吉尔镇村落夯土围墙与木板大门（图片来源：刘晶拍摄）

图2-70 新疆建设兵团农六师新湖农场传统村落民居建筑（图片来源：作者拍摄）

图2-71 昌吉州木垒哈萨克族自治县西吉尔镇土木结构古民居建筑屋顶结构（图片来源：刘晶拍摄）

图2-72 昌吉州木垒哈萨克族自
　　　 治县西吉尔镇传统村落
　　　 毛石结构建筑景观（图
　　　 片来源：刘晶拍摄）

图2-73 和田地区墨玉县喀尔赛
　　　 镇传统村落古民居建筑
　　　 景观（图片来源：作者
　　　 拍摄）

　　东院士扎根新疆五十余年，将新疆地域建筑的精髓与艺术精神运用到现代城乡建筑实践，乌鲁木齐大巴扎和喀什老城改造已成为新疆地域建筑的明星，为新疆景观建筑的发展在全国争取到了话语权。随着大量学者对生态可再生建筑景观材质关注程度的不断加强和深刻反思，景观材质已不仅仅停留于物质载体层面而存在，建筑师和艺术家已经使其在景观建筑语言表达方面更具艺术性和生命力。

第三章
——
新疆传统村落民居建筑的
文化特性与当代价值

只从景观风貌和格局方面研究传统村落景观难免会造成只见森林而不见树木之假象，而对民居建筑的研究过于偏重，则又会造成平均笔墨的感觉。如何比较和权衡，对传统村落景观研究很有必要。村落民居建筑的文化特性是村落整体风貌特征的重要体现，更是村落景观文化的深度研究。

文震亨《长物志·室庐第一》曰："居山水间者为上，村居次之，郊居又次之。吾侪纵不能栖岩止谷，追绮园之踪，而混迹廛市，要须门庭雅洁，室庐清靓。亭台具旷士之怀，斋阁有幽人之致。又当种佳木怪箨。陈金石图书，令居之者忘老，寓之者忘归，游之者忘倦。蕴隆则飒然而寒，凛列则煦然而燠。若徒侈土木，尚丹垩，真同桎梏、樊槛而已。"[1]即对村落的选址、布局、形制、装饰、艺术、人文等方面提出了要求和论断。同理，新疆丘陵地区民众经过历代的营造与积累，为民众留下了浓厚乡土气息的传统村落文化。不仅如此，新疆传统村落民居的建筑艺术还具有强烈的爱国主义式的历史文化传承与高度的美育价值。

因地制宜、负阴抱阳，是中国传统村落选址的重要考量。"天人合一"是中国传统文化中一个古

老的哲学命题，是中国传统文化的基本精神，是生态文明的最高境界。在上古的宗教天命观中已孕育着这一思想。西周初年"天"逐渐代替殷人的"帝"（至上神），"天"和"人"作为相互对应的概念同时出现在当时的文献中。西周晚期，史伯阳用天地阴阳二气失序，解释地震的产生（《国语·周语上》）。春秋时期又出现了"天有六气"、地有"五行"之说（《左传》昭公元年、《国语·周语上》）。作为具有客观物质属性的"气""五行"成为"天"的重要内涵，原来神化的"天"向物化的"天"过渡。对"天"的理解呈现多元化，有自然之天，有神性之天，有理念之天，有本然之天，有命运之天等。至春秋战国时期，天人关系逐渐趋向或纯化为自然与人的关系，开始认识到人与自然界的相通、相融与统一。自然界有自己的运行变化的规律，人必须遵循自然法则，反对将人类和自然对立起来。[2]

在传统村落民居建筑方面，因地制宜即顺其自然。顺其自然是老庄学派养生思想的基础。所谓顺其自然，包含了两层意思。首先，人和动植物生命的长短，都是一种自然现象，由人的禀赋和动植物

① 文震亨. 长物志 [M]. 北京：金城出版社，2010：10.
② 孙金荣. 山东省传统村落的文化意蕴与价值 [J]. 农业考古，2018（06）：260-266.

图3-1 和田地区墨玉县喀尔赛镇
传统村落民居庭院入口景
观（图片来源：赵佳男
绘制）

的天性所决定，并非人的力量所能改变。其次，人的养生必须顺乎自然的本性，不可违背规律而强行加入人为之力。[1]

老子说："养生之道，在神静心清。静神心清者，洗内心之污垢也。心中之垢，一为物欲，一为知求。去欲去求，则心中坦然；心中坦然，则动静自然。动静自然，则心中无所牵挂，于是乎当卧则卧，当起则起，当行则行，当止则止，外物不能扰其心。"对此，可以反过来理解为要达到老子所说的"自然"的境界，就要"去欲去求"，"心中坦然"，就要"当卧则卧，当起则起，当行则行，当止则止，外物不能扰其心"。用今天的话说，这就是要求人们在生活中要顺其自然，不可固执。老子借"无为"而治，阐明了顺其自然，不可固执的养生观点。"天下神器，不可为也，不可执也。"天下是大自然神圣的产物，是不能凭主观意愿去改造的。强行这样做必然失败，坚持执行的人就会失去它。

庄子说："缘督以为经，可以保身，可以全生，可以养亲，可以尽年。"意思是说，人们必须顺应自然的"中道"以处理人与外物的关系，不要过于追求外物。只要人们能顺应自然、"依乎天理"，就一定"可以保身，可以全生"，可以养心，"可以尽年"。东汉大哲学家王充在《论衡》中写道："人本于天，天本于道，道本自然，顺乎自然，既是最上养生之道"，他认为，益寿之道要顺其自然，其关键在于"法于阴阳，和于术数"。

随着生产力的发展与社会的进步，中华民族在人居环境建设方面的理论也逐渐丰富起来，"道法自然、天人合一"是广大民众的基本诉求。新疆传统村落民居建筑的因地制宜特征主要表现在对场地选择性、改造性和适应性。

---

① 黄渭铭. 浅析老庄学派的养生思想 [J]. 哈尔滨体院学报，1988（04）：43-46.

一、因地制宜之选择性

新疆传统村落主要类型　　　　　　　　　表3-1

丘陵山顶型村落		山顶型村落布局是新疆深丘陵地区的少数存在形式之一。村落规模小而分散，附近肥沃耕地相对较少，以山地为主，兼有半农半牧生产生活方式
丘陵坡地型村落		坡地型村落布局是新疆丘陵地区的主要存在形式之一，而且数量较大。主要以坡地耕种为主，部分地区修有水库，村落规模比较聚集，规模适中
丘陵沟谷型村落		沟谷型村落布局是新疆丘陵地区的主要存在形式之一，而且数量较大。主要以坡地耕种或牧业为主，水土资源丰富，村落沿河沟分布，规模比较聚集，规模较大
平地型村落		平地型村落布局是新疆丘陵地区的主要存在形式之一，主要集中在绿洲平原地区或丘陵个别平地。以平地和坡地耕种为主，水土资源丰富，村落沿河沟或绿洲水土资源分布，规模比较聚集，规模大

表格来源：作者绘制

村落的选址，要有土地、水源、植被、气候、矿产、交通等的条件，但只有这些条件还不够，还要考虑到居住的安全。居住的安全大致有三个方面，一是自然环境的安全，二是社会环境的安全，三是心理的安全。自然环境的安全是重中之重，考虑的主要是提防干旱、洪涝和其他灾害性地理因素。[1]提防的办法，一是避开，不在有危险的地方建村；二是抵御，构筑可靠的抗灾工程。断崖之下、裂谷之中不可以居住，这是常识，怕的是再度发生山崩、地陷、泥石流。河谷两岸历年水线以下不可以居住。洪水是农村最熟悉的自然灾害，一旦暴发，庐舍尽毁，人畜丧生，中国和西方的古代史都是以洪水为开篇的。中国人最崇拜的大禹，他的功绩便是治洪水，他的治水是和发展农业相结合的，孔子在《论语泰伯》里说禹"卑宫室而尽力乎沟洫"，把水利工程看得比给万民之上的自己造房子重要。而治沟洫是为了让普通民众种水稻，如《史记·夏本纪》所说，禹"开九州，通九道，陂九泽，度九山。令益予众庶稻，可种卑湿"。长期以来，中国的农民就是用这样的原则和方法与洪水斗争的。[2]

从当前的新疆乡村分布情况来看，新疆村落十分广阔，在丘陵地区呈现出大杂居、小聚居状态，而在平原地区的分布则相对比较平均和密集。但是传统村落则主要分布在丘陵地区，平原地区则相对比较少。为什么平原地区有着

<hr>

[1] 陈梦梦. 新农村建设背景下乡土文化在民宿设计中的运用 [D]. 杭州：浙江工业大学，2017.

[2] 陈志华，李秋香. 中国乡土建筑初探 [M]. 北京：清华大学出版社，2012.

优质的土地资源，而传统村落却很少存在呢？首要原因在于古代的新疆离中原较远，经常受外敌入侵，地方割据势力经常霸占水土资源丰富的良田。次要原因是中原与河西走廊地区天灾人祸也时常发生。为了生存，民众为了家族血脉的延续则选择了西迁他乡，新疆丘陵地区虽然地区条件较差，水土资源相对贫瘠，但是土地面积大，只要勤劳，解决温饱不是问题。新疆丘陵地区传统村落的存在则反映出当时民众对现实、生活、环境的一种被迫选择。

新疆丘陵地区传统村落的规模、建筑形制、装饰艺术等可以明显反映出部分地区的经济社会发展水平曾经一度繁荣。无论是山梁村落、山坡村落、沟谷村落都有此种历史遗存。从中国传统村落社会发展脉络可以看出绝大多数农耕时代乡土社会中的人们，依附于土地，总是或长或短地定居在一个地方。由他们聚居生息而逐渐形成的村落，长期处于一个固定的环境之中，弃村而迁的事情并非没有，只是比较少，而且大多发生在早期。因此，一个村落的"始迁祖"、"太公"，在当初择地而居的时候，都非常慎重。选址最基本的考虑便是要自己和子孙后代能有效地、可靠地、方便地从事生产劳动和其他经济活动，能健康地、安全地、富足地生活。简单地说，村落选址一要有利于生存，二要有利于发展。什么类型的村落出现在什么地方，什么地方出现什么类型的村落，往往决定于许多因素的综合，不是由某一个因素单独决定的，尤其不是巫术化的风水迷信所能决定。这些因素大致包括地理、气候、地质、历史、经

图3-2　喀什地区喀什市高台民居
　　　　建筑景观（图片来源：作
　　　　者绘制）

图3-3　伊犁州新源县那拉提草原
哈萨克族牧民毡房（图片
来源：网络资料）

图3-4　伊犁州新源县那拉提草原
哈萨克族土木结构房屋
（图片来源：网络资料）

济、文化、社会，还有相邻村落的影响等。[①]

五行之说在建筑上逐渐发展成为一种"堪舆学"，许慎说"堪，天道，舆，地道。"英国学者李约瑟（Joseph Needham）在谈及"中国建筑的精神"的时候说"再没有其他地方表现得像中国人那样热心于体现他们伟大的设想'人不能离开自然'的原则，这个'人'并不是社会上的可以分割出来的人。皇宫、庙宇等重大建筑物自然不在话下，城乡中不论集中的，或者散布于田庄中的住宅也都经常地出现一种对'宇宙图案的感觉，以及作为方向、节令、风向和星宿的象征意义。"[②]巴里坤人在营宅时讲求"迷信阳宅，凡修造房屋，必遵阳宅三要门主灶。先兢兢请求，或补葺屋宇，先避岁星所在，如果某方不空，即终年露处，无敢补葺。"由此可见，当地民众对建筑风水相当重视。

图3-5 巴州焉耆县七个星镇霍拉
山村民居建筑廊架形态
（图片来源：作者拍摄）

① 陈志华，李秋香. 中国乡土建筑初探 [M]. 北京：清华大学出版社，2012.
② 李允鉌. 华夏意匠 [M]. 天津：天津大学出版社，2005：42.

二、因地制宜之改造性

传统村落选址的因地制宜性，首先必须考虑民以食为天。新疆丘陵地区的农耕生产，更多的是靠天吃饭。随着人口的繁衍和村落规模的扩展，就必须对自然环境进行改造，从而达到改造和利用自然的目的。具体来说，就是必要有赖于耕作的土地和生活必需的水。被认为风水术第一经典的《葬经》写道，有了水，才能使"内气萌生，外气形成，内外相乘，风水自成"。玄而又玄，借以骗人，其实说的不过是人的生活离不开水而已。耕田和水，是农业村落存在和发展的根本性因素。它们的广狭丰歉决定一块地方对人口的承载量。北方地旷人稀，人口承载量主要限于水；南方地啬人稠，人口承载量主要限于田。所以，村子的规模不能无制约地扩大。一个村子，经过若干代人的聚集或繁殖，人口量到了这块地方水和土地的承载能力的边缘，便要有一些人迁出去另觅新址定居。一处地方的农田和水量能养活多少人口，这是在老祖宗定居的时候有相当准确的估计的。①

图3-6　昌吉州木垒哈萨克族自治县西吉尔镇传统村落中的台地式房屋（图片来源：刘晶拍摄）

---

① ［日］藤井明. 聚落探访［M］. 宁晶，译. 北京：中国建筑工业出版社，2003：22.

《周礼·考工记》中的匠人营国制度作为周代的理想图式，一旦与城市营建的现实结合就会生成种种变化，建筑群的经天纬地均衡对称布局理想一旦受实际场地现状的制约，就不得不予以调整。古代匠师正是坚持因地制宜原则，通过巧妙的对位调整，将绝对对称的格局进行调整，尽量从规模、体量、心理上达到一种相对的均衡。对于建构形式来说，海德格尔（Martin Heidegger）认为人类文化应该与地形环境相结合，从而消解为发展而发展的贪婪。[①]可以看出，海德格尔的人类文化对于乡村来说，主要是人居文化，以及构成人居文化之外的生产劳作文化等。具体地讲，构成乡村文化的主要因素与人之间的关系，主要以就地耕作文化和居住文化为主。耕作便是乡村民众赖以生存的主要生活方式和生存条件。乡村聚落的存在是不断演进发展的。在清代前期，新疆人口相对较少，基于安全和庇护的需要，村落主要集中在易守难攻的主要区域，巴里坤、伊吾、木垒、奇台、吉木萨尔、鄯善等就是比较典型的代表。

传统村落的物质性成分主要是人工材料和自然元素。此二者皆属传统村落景观的景观因素，其区别不过在于民众对其改造力度上的差异。从现代设计类型分类看，传统村落景观同样有和城市一样的分类，如景观建筑、城市设计、建筑与室内设计，其实都是在同一体系中对各个专项的深入研究。传统村落文化景观的重点在于景观不是按照"设计"这一术语的传统意义做出的，或者说这样设计出来的景观只占一小部分。它是在漫长的岁月里，祖祖辈辈间无数次独立决策的产物。由于文化景观特性明显，在把握提示的情况下，很可能仅凭意象就足以把它识别出来。最重要的问题在于这些明显独立的决策是怎样形成如此清晰可辨的整体呢？最合理的答案是人们按照在理想环境中，理想人物的理想生活那种共有图式和观念进行选择（即改造景观）的，而这种图式正是文化。[②]

尽管新疆传统村落主要集中于经济欠发达的丘陵地区，但是地域范围涉及约160万平方公里，存在着地理环境、建筑材料、经济水平、营造技艺与审美文化的差异，也存在着不断地选择、改造和适应等问题。只不过邻近地区之间的融合度高、流畅性好，不一定有清楚的界限和标准进行区分。这种现象在少数的几个村落中可能难以比较，或者情况不明显，但是从列举的16个传统村落景观的不同景观类型要素可以明显地感受到整体风貌的共性与个性。从地图上可以清楚的看到，新疆虽然地处干旱地区，但传统村落中有大量植被、农田、草场、水沟、水库、坎儿井等，都是生产生活所需生产资料与设施，体现出当地民众的生存智慧和对自然环境的适度改造作用，进而达到趋吉避害，和谐共生的效果。

① ［美］弗兰姆普敦. 建构文化研究：论19世纪和20世纪建筑中的建造诗学［M］. 王骏阳，译. 北京：中国建筑工业出版社，2007：23.
② ［美］阿摩斯·拉普卜特. 文化特性与建筑设计［M］. 常青，等译. 北京：中国建筑工业出版社，2004：28.

三、因地制宜之适应性

　　中国传统村落的营建场地的选择基本都是基于风水理论，在趋吉避害、天人合一的原则下进行改造，在不断地生产生活实践中进行适应，从而达到和谐共生的目的。中国传统村落中的共生思想与黑川纪章"新陈代谢"理论基本一致。即不同性质文化的共生、东方和西方的共生、部分和全体的共生、建筑和自然的共生、科学和艺术的共生、精神世界和物质世界的共生等问题，以及在我们生活的同一时间里同时存在的各种各样的不同次元的东西的共生，不同次元的空间的共生等问题。

2019.12.1 王小冬·

图3-7　吐鲁番市鄯善县鲁克沁镇
生土民居庭院入口景观
（图片来源：作者绘制）

图3-8 吐鲁番市鄯善县鲁克沁镇
传统村落屋顶晾房景观
（图片来源：作者绘制）

图3-9 阿克苏市柯坪县阿恰勒
镇生土建筑景观（图片
来源：张禄平拍摄）

新疆民居主要以院落形式存在，又处于暖温带附近。从住宅风水来看，坐北朝南是最为有利的朝向，因风有阴风与阳风之别，所以民居方位也以坐北朝南为首选。以木垒哈萨克族自治县英格堡镇为例，所有村落都散布于天山北坡的十万亩旱田的沟谷与半坡上，自然地势东南高西北低，不适合建坐北朝南的房屋，当地人只有通过改造地形的方式来解决场地平整问题。天山深处的牧业村更是如此，垫土和加高院落的台基来打破地理条件的限制从而实现坐北朝南。睿智的牧民想出了一个折中的方法，即将居住空间和牲畜圈根据使用功能的不同划分成上院和下院，上院供主人居住和堆放场地，而下院主要以地窝子的方式建造辅助用房（主要是牲畜圈）。上院遵循坐北朝南的风水原则，而下院则与上院相对分离，坐南朝北，充分利用自然地势之便。

在场地确定和营造材料限定的前提下，当地民众采用特定组合和空间利用方式，以及使用特定材料进行自己的家园建设。因各个家庭人员组成、劳动力、经济条件和审美层次的不同，大都会在整体院落格局相近的前提下进行民居院落营造，可能在建筑的规模上和装饰上有所差别。但是作为公共空间界面的私家院落建筑墙体基本能够保证高度、规模、工艺上的统一，从视觉层面上达到感官上的统一。这种统一性和秩序感，便是民居院落间的相互适应、院落与场地适应等综合适应的结果。

具体地讲，民居院落间的适应性既有边界、规模、共墙等连结性的适应性，还有建筑形态样式与风格方面的一致性，这种一致性可能是材质的适应，也有可能是分水坡度的适应，乃至庭院植物景观种植的适应。从社会学层面讲，既有民众对村落景观大的社会环境的适应，又有对私家民居院落的自我追求与实现载体，可以说，村落景观文化具有强烈的集体共性和差序格局。无论在世界上的任何地方，只要有人聚居，你就能发现使用空间的支配规则。这些规则中的一部分，可能纯粹只和当地的社会习俗相关，但更多的既反映了我们心理最深层的需要，又反映了人类的特点。在当今世界上，我们使用的大多数空间是经过专业的建筑师、规划师、设计师和他们的同行设计的。当然并非完全如此，也并非在所有社会都是如此。在专业形成之前，空间的设计和创造更多的是一种社会性的、习俗性的过程，与文化的其他所有方面密不可分。[①]因此，因地制宜特征是新疆传统村落景观文化的重要组成部分。这种"文化"不是作为"物"而存在的，它是一种观点、概念和构想，是人们对思索、信仰认知与从事的诸多事物（及其处理方法）的一种描述性称谓。[②]

---

① ［英］布莱恩·劳森. 空间的语言［M］. 杨青娟，等译. 北京：中国建筑工业出版社，2003.
② ［美］阿摩斯·拉普卜特. 文化特性与建筑设计［M］. 常青，等译. 北京：中国建筑工业出版社，2004：72.

第二节　新疆传统村落民居建筑的因时制宜特征

人与自然界是一个有机的整体，应将顺应自然作为民居营造的主要指导思想。《内经》强调"顺四时而适寒暑"，指出对四季气候变化"逆之则灾害生，从之则苛疾不起"。所以，不仅仅是天时有季候演变，房屋营造作为家庭大的载体，同样需要根据气候变化防寒避暑，顺从四季气候特点，使家族载体与个人身体顺应天时，阴阳相合，从而达到物我相生之功效。

因时制宜与因地制宜协同。因时制宜在时间维度上对场地与空间进行考虑，而因地制宜则是在空间的维度对不同时空的客观存在进行考虑，二者从不同的维度对客观存在进行思考，再结合人的因素，将客观世界与精神世界进行综合考虑，通过经天纬地的具体实践，达到天人合一之目标。新疆传统村落民居建筑的因时制宜特征主要表现在天时合宜、季候相宜两方面。

一、因时制宜之天时合宜

天时合宜，是天时性的终极追求。既有客观而具体的实践内容，又有建筑客体自身的存在状态、与人共存的生产生活状态，人对其改造后呈现的状态。全天十二时辰内，在日月星辰、风霜雨露下的自我客观状态以及与环境共生的状态。一般而言，新疆广大乡村和世界其他地区一样，都是日出而作、日落而息的农耕生产生活方式。在耕读传家的自然经济社会，人们敬畏天地，认为万物有灵，强调所有的幸福都是老天的恩赐，而不是人定胜天的主观意识存在。在传统社会，金鸡报晓意味着应该起床、生火烧饭、出门劳作或上山打柴，夕阳西下则该牧童返家等。这就是为什么虽然中国社会广大乡村已进入现代社会，民众还是喜欢按时辰进行一天的生产劳作和日常作息。天时合宜，早已镌刻在广大乡村民众的内心，深深地影响着他们生活的各个方面。

二、因时制宜之季候相宜

新疆地处"秦岭—淮河"冰冻分界线以北的西北大漠，冬季寒冷漫长，夏季干热，春秋季节短，昼夜温差大，二十四节气在当地的天时反应与内地相比具有一定的滞后性。新疆传统村落虽然主要集中在丘陵地区，因海拔不高，地貌情况不像西部横断山脉地带那么复杂，基本不存在十里不同天的现象。具体地讲，新疆的季候变迁与天气情况局部地区与大环境基本一致，自然地理环境对地上万物存在的影响很大，不仅仅是地面种植作物和承载雨露载体的差别，还有海拔与纬度、背阴与向阳、绿洲与山地的差异。新疆初春冰雪覆盖，清明节后才逐渐春暖花开，夏季绿树成荫，秋季硕果累累，冬季白雪皑皑，四季差异大，气候区分明显，与江南地区形成明显区别。经过多年的调研和走访发现，明显的季候差别，造就了新疆民众耿直爽朗的性格。当地民众的纯朴、本分、勤劳、踏实与当地自然地理环境有着直接而明确的关系，进而影响其价值观和人生观，从而建造出特征明显的民居建筑和传统村落。

从新疆传统村落民居建筑庭院来看，因时制宜在民居院落空间中直接而明显的反应，实质上是传统民居主观营造思想与客观自然地理环境的相互适应和相融共生，合院空间组合院落空间形态就是最好的体现。新疆传统村落民居建筑院落的空间形态主要表现在民居建筑屋顶样式。与江南民居相比，新疆民居建筑屋顶坡度较为平缓，靠近天山的地区的坡屋顶分水比沙漠绿洲地区陡。虽然屋顶形式受降水与气候因素影响，不同地区的经济水平和营造技艺也是重要影响因素之一。

在丘陵地区，新疆民居建筑的营造更多地讲求实用为主，功能最大。新疆部分深丘陵地区地下水位较深，过去受技术水平限制，当地民众生活用水基本靠冰雪融水，在自家院子里挖水窖，并收集雨水储藏其中，用以日常生活使用。随着乡村打井技术的发展，地处准噶尔盆地边缘的玛纳斯县北五岔镇和六户地镇的广大乡村在20世纪末都解决了饮水难问题。庭院中的生产性景观的多样性与丰富性，能够弥补民居建筑景观存在的不足。

新疆光热资源良好，是小麦和棉花的主产区。在盛夏、初秋时节，新疆广大乡村景色最为靓丽，金黄色的麦田与似如白雪的棉花地相互交织，墨绿色的树荫对传统村落进行边界修饰，院落中晾晒的红辣椒如画家的笔触点缀其间，宛如后现代风格的风景油画。此种风景不仅仅是厚积薄发式的绚丽绽放，又是与冬季雪景的对话，更是对民众在漫长寒冬中，对单一雪景造成的审美疲劳的慰藉与疗伤。"天山金凤凰，碧玉玛纳斯"既是玛纳斯县的形象宣传语，更是对其自然地理与人居环境风景的最美诠释。

场所精神，即审美主体对客体的心理感知与相关反应。具体地讲，场所是客观存在地，主要由具体物质成分构成。相对于传统村落中的民居建筑来说，构成民居建筑的物质性要素是没有情感的因素和各种主观意识存在的。但是，在运用中国传统堪舆学和风水理论进行选址时，就已经产生了审美主体对其存在环境的了解、认识、判断和选择等。可能有研究者会认为将传统文化理论运用到具体村落选址的过程没有太多的主观思想加入，之所以出现这种情况，则是研究者对选址进行狭隘地理解所造成。必须明确的是中国传统文化理论的形成是先祖在不断的生产劳作与具体操作过程中不断认知、选择、判断、选择，进而累计形成的理论思想。既具有科学的成分在其中，又具有历史的传承和不断地自我革新。可见，场所精神并不仅仅是西方建筑理论的专属，与东方建筑智慧有异曲同工之妙。

场所精神是新疆传统村落民居建筑文化特质的核心。村落与民居建筑是当地民众的归宿和精神家园，是游子乡愁的精神寄托。村落民居建筑的场所既有通时性存在，又有共时性存在，无论以何种维度和观念认识新疆传统村落中的民居建筑的场所精神，均离不开主体与客体、总体与局部、历史与现在的关系，所有这些因素和关系，均因人而异。前文已经运用类型学方法结合城市意象相关理论对新疆传统村落景观要素进行了具体分析与统计，但是依然有必要在中国传统营造学理论的基础上，从自然环境、就地取材、艺术审美三个层面对民居建筑的场所精神展开论述。这种层面分析法既有类型学特征，又具有复合重叠与多元融合特性，更加接近于艺术文化研究的内核本质。

一、自然环境的特征

传统村落中的民居建筑是历史的遗存，是村落景观文化传承的重要载体，富含诸多基因密码。从遗传学角度讲，基因的丰富多彩和伟大在于染色体的存在，亦如"皮之不存，毛将焉附"的道理。而对于传统村落中的民居建筑来说，承载其的大地和大地中的自然环境是其存在的基本条件和客观环境。从中国传统村落的分布环境来看，确实如此。新疆传统村落的丰富性有自然环境的功劳。因此，中华儿女把大地比作母亲实不为过，不仅仅提供赖以生存的饮食，还有掩藏躯体的住宅和精神寄托的家园。当前正是中国全面推进乡村振兴战略的重要时期，更是建设美丽乡村事业的攻坚时刻，并且必须坚持"绿水青山就是金山银山"为指导方针。

诚然，人要能存在于天地之间，就需要有承载其的环境。人的才华需要施展，同样也需要起码的平台。要想民居建筑合宜的存在，就必须深刻理解村落民居与自然环境这两种元素以及他们之间的相互作用。"理解"在这里的意思并不是表示科学的知识，更多的是一种存在的概念和主观的认同，暗示意义的体验。当所处的自然环境具有意义时，人便觉得"置身家中一般的自在"，我们所成长的场所就像是"家"一样。我们非常了解走在地面上的感觉，在那特殊的天空下，或在那些特殊的树之间，我们知道南方充满温暖和煦的阳光，北方有着仲夏神秘的夜晚。总之，我们了解使我们存在的"事实"。不过"理解"超乎这种直接的感受。从一开始便了解精神包含着一些相关的因素，表达出存在物的基本观点。人所生活的地景不仅是现象的变化而已，地景有其结构，并将意义具体化。这些结构和意义产生了神话形成了定居的基础。[①]可以看出，诺伯舒兹对自然环境理解与认知既基于科学又富有情感，只有以科学与人文的综合知识才能更好地了解、识别、体验，真切地感受自然环境存在的价值与意义。

二、就地取材的特征

"巧妇难为无米之炊"用来形容乡土社会的民居营造再合适不过。甚至还有用谚语"大兴土木，乃破败之相"来描述乡村民众修建房屋居所属于劳民伤财之事。事实确实如此，我们不需要考虑回到营造新疆传统村落的明清时期。只需要想想我们生活的当今社会，在城市购房难，在乡村建房难的现象依然存在。从古至今，人居环境营造过程中，理想与现实总存在着较大差距，这一矛盾从来都没得到很好地解决。当然，存在这种现象的原因是多方面的，在此我们不需要过多考虑，毕竟传统中国社会通常以实用功利为根本来考虑问题，在达到基本需求的情况下，再考虑自我认同和被人认同，进而达到精神追求之终极目标。

建筑发展的重要条件是物质材料的来源。在古代，人们首先利用天然的材料，而土是自然界中最大量，最容易取得的材料。其次是木材，因而最早发展的建筑技术便是以土、木为材料的技术。土木材料的缺点是耐久性和坚固性不强，石材虽然耐久和坚固，但开采和加工都较困难，以后人们便制造了砖，这种陶质材料类似人造的石材。由于材料的不同特性也就产生了相应的不同的结构技术，土主要是夯筑结构，木主要是梁柱结构，砖石主要是拱券结构。

---

① [挪威] 诺伯舒兹. 场所精神——迈向建筑现象学 [M]. 施植明，译. 武汉：华中科技大学出版社，2010：23.

图3-10　和田地区墨玉县阿克萨
　　　　拉依乡木骨泥墙庭院
　　　　（图片来源：作者拍摄）

　　至于建筑材料的发展，由于建筑具有大量性的特点，虽然奴隶主和封建统治阶级可以不惜劳动力和成本来使用各种稀少贵重的材料，但作为大量的结构材料，生产技术必须解决量的问题，才能具备应用的条件。正因为如此，即使在我国奴隶社会处于青铜时代，战国时期已有铜和铁，但只能作为局部的构件和装饰，而不能成为主要的建筑材料。

　　建筑技术，从材料的生产，如伐木、采石、取土，烧砖，制瓦，到制作成为构件，并按一定的结构方法，而构成建筑，同时产生了设计和施工的技术，具有多方面和综合性的特点。它需要不同工种的工匠来完成。在官府手工业中这种分工比较细致，而在早期，特别是民间，手工业分工一直并不严格，因而在古代，建筑技术的发展同各门手工业技术的发展有着密切的渊源关系。[①]

① 中国科学院自然科学史研究所. 中国古代建筑技术史 [M]. 北京：科学出版社，1985：42.

图3-11 阿克苏市库车县老城区
民居街巷景观（图片来
源：作者拍摄）

　　传统社会下的新疆，生产力相对低下，但是部分地区的经济社会发展水
平也出现过辉煌的时刻，就算遥远的伊犁和喀什地区，从民居建筑的规模、
形制、格局、装饰等都能管窥部分。但是对于大部分民众而言，修建房屋是
一辈人甚至几代人的夙愿。很多家庭因为修建房屋而向亲友或邻居举债，需
要几年甚至更长的时间才能还清。通常情况下，人们对传统材料（土坯、泥
砖、茅草）和传统形式有一种自觉的抵触。所有这些都表现出一种意义，而
意义则与文化乃至评价、偏爱与选择密切相关，也就是说欲求胜于"需求"。[1]
但是面对建房资金的压力，当地民众就不得不将最初的建房理想与资金实际
相结合，再与匠师进行商量与沟通，进而确定最终建房方案。一般情况下，

①［美］阿摩斯·拉普卜特. 文化特性与建筑设计［M］. 常青，等译. 北京：中国建筑工业
　　出版社，2004：51.

匠师会建议主人选择当地材料进行建造，可以节约一定的资金。在建房技艺和生产力不高的情况下，匠师也习惯于复制已建成的房屋模式与流程，用"熟能生巧"来概括乡土社会的民居建筑的营造最为合适，这与当代社会的标准化建造模式不谋而合。毕竟这种方式既可以降低成本，还可以提高效率，达到各方利益最大化。

乡土社会民居建筑的营造，一般以本地匠师为主，或者是在当地有着多年营造经验的师傅为主。他们对当地材料的获取、材料的性能、具体的营造技艺，以及在营造过程中可能遇见的问题能够及时予以解决。虽然同处于新疆，但是喀什、伊犁、昌吉、吐鲁番、和田等地区距离较远，气候差异大，民居建筑材料有着较大差别。如浅丘陵地区主要以土木结构为主，而深丘陵地区则以石材结构、木结构为主。营造技艺也因材质的不同而有所变化。从建筑风貌看，浅丘陵地区的砖木建筑偏于雅致，深丘陵地区的井干式建筑则显得厚重、粗犷、质朴，但是都体现出了因地制宜和就地取材的建筑智慧。

三、艺术审美的特征

艺术审美是一种特殊的文化形态，是指人们日常生活、文化娱乐等与审美进行相互渗透，以精神体验和审美形式为指导的社会情感文化。审美是一种活动，经过发展与沉淀，以及民众在改造和适应自然的过程中，积累起来的一种具有审美特质的心理感受，以及在造物活动过程中发展起来的民居建筑。

爱美之心，人皆有之。人类精神文化最早出现的形态，可能是原始宗教，更可能的是原始艺术。对于艺术起源的问题，最妥当的办法，是采取多元论的态度。在多元起源论中，以游戏与艺术的本性最为吻合，也以游戏在原始生命中呈现得最早。因为它是直接发于人的自身，而不一定要借助于特定的工具。所以，由游戏展开的歌谣、舞蹈，不仅是文学的起源，也可能是一切艺术所由派生，更有可能先于其他一切艺术而出现。但是对于处于乡村地区的民众来说，其艺术审美，主要还是来源于生活与生存之美学。相应地，农业生产和居住环境是其产生审美意识和进行审美实践的主要场所。民居建筑的各种界面、空间、形态、场所都是其审美的物质载体和具体反映。

现当代建筑的设计与营造是比较分立的，而传统民居建筑大部分是口传心授，代代传承，多为民众自己亲手修建。新疆民居大部分是匠师和家人一起修建。在传统社会，整个新疆当地民众主要以本地耕种和外出经商两种方式为主。合院式建筑是主要民居建筑形式，这与其生产生活方式息息相关，并且体现出耕读传家和睁眼看世界的智慧。因此，新疆民居建筑是中国传统文化与外来文化的有机结合，是人类社会发展的活化石，是中华文化的重要组成部分。

新疆传统村落民居建筑的多元文化主要体现在建筑符号的多义性方面，这个问题也是让很多民众和游客对新疆建筑文化误解的地方，具体表现在对典型的建筑符号的图像学解释存在偏差。一方面，当地长者说该地区传统村落中现存的民居建筑主要修建于晚清和民国初年。当时的中国处于半殖民地时期，而新疆与苏联距离较近，而且新疆边境线很长，基于多种便利条件，当地民众从商者众，受外来文化的影响。在家宅的营造过程中体现出来，既有身份的彰显，更有地位的标榜，进而在本地营造材料与技艺允许的前提下相互效仿与借鉴，最终形成一种建筑与装饰风格。还有一部分民众认为新疆传统村落是几百年老祖宗传承下来的，特色明显的建筑形制、屋顶结构、门窗装饰等是源自于最初的窑洞民居，而不是来自西方的建筑拱券形式。其他的装饰构件和装饰纹样确实是吸收和借鉴了西方文化因素和装饰风格元素。诚然，对于现存的艺术品或者本研究中的民居建筑审美特性，均受审美主体的阅历、经历和知识背景等因素的影响，从而会解读出不同的结果。其实对于学术研究和常识而言，这些也都是允许存在，如果能够运用考古学的方法和路径对其进行考证和解读，相信能够更好地接近审美的本质。

总体而言，新疆传统村落民居建筑有着丰富的艺术文化内涵和外延。对其进行科学考证和研究，有助于准确地理解其内涵的组成、相互间的关系和意义，更加贴近生活，接近真理，达到主体与客体的高度统一。不必说丰富的艺术文化内涵一定存在着广阔的外延，可以肯定的是，在丰富文化艺术内涵方面，我们可以广泛地选择艺术文化因子，运用"道生一、一生二、二生三、三生万物"的理念对其外延进行拓展，让新疆传统村落民居建筑重获新生，绽放光彩。

民居是人类社会普遍存在且必需的住宅建筑形态，它与普通民众的日常生产和生活密不可分。自古以来，民居建筑的称谓很多，有宅舍、屋舍、庐舍、民屋、含屋、房舍、第舍等，其中"民居"之称最为普遍，上古时期就已出现。在现代社会，随着现代文化遗产保护意识的增强，它被赋予了特定的含义，特指与皇家宫殿建筑、宗教建筑、墓葬建筑、民间公共建筑等相对立的建筑类型。

民居建筑是人类社会特殊的一种文化现象，它是客体化的人生，是浓缩化和空间化的社会生活。一方面，任何人、任何家庭必须有自己的住所，必须有居家行为，居家行为是一个家庭、一个国家、一个社会特定的组织和生活方式，人们只有安居才能乐业。另一方面，民居建筑表现为一种特定的物质实体，是人类从事居家生产、生活的主要载体，是居家文化的物质化表现形式之一，它不仅能满足人们日常的物质生活需要，更为重要的是它能满足人们心理、伦理、宗教、审美等精神生活方面的需要。

任何社会的人际关系主要靠衣食住行来承载和维持，住宅和居家行为构成人类社会特有的住宅文化，有着深厚的历史文化内涵，它是在人类社会生产、生活不断发展演变过程中形成的一种必然的文化现象。这一文化现象体现了一种人类社会特有的伦理道德形态，在封建社会还上升为一种国家制度和规范。它与特定社会的制度规范、人伦纲常、宗教思想密切相关，体现了一个民族悠久的历史和文明发展程度。因此，对住宅建筑等级制度和营造活动的管理历来受封建统治者的高度重视，并得到不断强化。

文化是社会的灵魂，价值观是文化的核心。传统村落是历史文化的重要载体，是鲜活形象的历史文化记忆，大量承载着建筑文化、商业文化、产业文化、红色文化、历史传说等。传统村落景观文化具有历史底蕴，又能够逐步地与现代生活方式相适应，是传统村落社会现代化的具体表现形式，并且这种形式富含价值与意义。传统村落景观要面临自然地理环境变化，人类社会同样面临着社会环境的变化，需要不断的调整、适应，更好地建设美丽乡村人居环境，将人类能动性赋予更多的价值与意义是研究目的之一。

一、历史传承价值

人之所以称为人，是因为人是有思想的高级动物。此种思想具有继承与传承价值。社会的发展与进步都需要人，更需要文化人。没有继承，就没有发展，就如无源之水，无本之木。村落是文化的载体，包含生产生活的各个方面。具体来说，传统村落景观是自然因素和人文因素的综合反映。气候、地形、水文、植被等自然因素，在传统村落景观的构成中都打上了地域的烙印。社会组织、生产特点、文化传统、风俗习惯等人文因素也在传统村落景观的形成中扮演各自的角色。这就造成了不同地区传统村落景观的不同，体现出地域独特性。传统村落景观的形成也反映了一个地区人们的生产生活、社会文化等发展状况，凝聚着丰厚的地域人文精神，是地域记忆的集中体现，具有宝贵的历史文化价值，对社会的发展和人类的进步有着重要的意义。[①]

传统村落景观作为地域历史和地域内在文化的实物见证，如同一个活的博物馆，比历史记载更为可贵，成为延续地域历史文脉、解读地域文化、推进社会文明的积极要素。需要通过"取其精华，去其糟粕"方式，对传统村落文化进行哲学批判，健康地为乡村振兴供给营养。因传统村落文化以村落客观实体作为载体而存在，以生活在同一生产方式下的人群为对象，以人们普遍认同的社会价值观和行为模式为准绳，进而形成典章制度、约束机制、生活方式、行为规范、审美观念的一种文化模式。[②]所以这种模式只有在传承的基础上才能够得以建构更好的内生新疆传统村落景观文化，进而达到历久弥新的传承价值。

二、生态经济价值

通常情况下，生态经济价值被作为一个词汇理解，而且在乡村人居环境建设方面，却难以被各方面准确而真实地认知。在本研究中，将其一分为二，作为生态价值和经济价值并列词组存在，亦及二者互为存在的前提和意义。近年来，在党和国家，自治区各级政府的指引下，人民群众的积极行动下，尤其是驻村工作组的具体引导与支持下，新疆的广大乡村日新月异。新疆丘陵地区传统乡村聚落结合自身实际情况，充分利用优势资源，在乡村景观风貌整治的同时，还对传统文化进行挖掘，在不过多增加成本的情况下，大力

---

① 张晋石. 乡村景观在风景园林规划与设计中的意义 [D]. 北京: 北京林业大学, 2006: 20.
② 高占祥. 论村落文化 [M]. 郑州: 河南人民出版社, 1994.

发展全域旅游。既改善了人居环境，建成了乡村民宿；又塑造了庭院景观，丰富了家园文化；当地民俗文化旅游纪念品更是畅销海内外，促成产业升级，逐步实现了村民增收，村容整洁，乡风文明，社会发展的良好局面。

三、大众美育价值

俄国现实主义美学家车尔尼雪夫斯基提出过"美是生活"的论断，传统村落景观是人们生活表现形式之一，从传统村落景观中，人们最容易解读出人类的文化、人类的情感、人类对待自然的态度、人们的生活方式。它给人的审美感受是舒畅恬静、富有安逸的生活气息，因而乡村景观也就特别具有魅力。在中国传统农业社会中，在野知识分子深受中国传统的儒家文化和道家文化的影响，标榜乡村田园风光之美，突出乡村风光的精神纯净性，来对抗世俗社会人性的异化。陶渊明在《桃花源记》中创造了一个"不知有汉，无论魏晋。"且"土地平旷，屋舍俨然，有良田美池桑竹之属，阡陌交通鸡犬相闻"的理想社会，乡村景观成为一个忘却烦扰、摆脱现实，适其闲情的一块净土，对乡村景观的审美升华为寻找精神桃源的境界。[①]

蔡元培在一百年前就大力倡导美育，并提出了"以美育代替宗教"的著名论断。虽历史久远，仍历久弥新，对于当代社会发展更具有重要意义。经

考古专家证实，早在新石器时代以前，新疆就有人类活动的历史建筑遗迹存在，因该地区与甘肃、青海毗邻，属于西北文化圈的重要组成部分。新疆广大乡村因地域辽阔，地区条件和经济社会水平发展与内地还存在一定差距，像东南沿海地区乡村一样实施美育教育还不太现实。同时，我们也不能将美育狭隘地理解为艺术教育，美育无处不在。经过多年的发展，以及党和国家的关心与扶持，新疆乡村学校的各方面条件得到了长足地发展，某些方面甚至超过了省城学校。可能所处人居环境的观赏价值与内地有所差别，但是通过美丽乡村建设，不但人居环境的硬件方面得到了较大改善，中华优秀传统文化在传统村落的各个空间与界面有所承载与展示。让人民群众更为全面与深入地了解祖国的传统文化与现代文化，乐意打破传统思想禁锢，接受新知。以期更好地了解村落外部的世界，增加见识，增长认识，增强审美意识，提升综合素质。

村落是村落文化的重要载体，传统村落是历史的范畴。乡村振兴伟大战略的实施，离不开人民群众的广泛实践。新疆传统村落景观文化研究离不开当地群众积极广泛的全程参与。庭院空间作为构成单元，既是村落景观的重要组成部分，又承载着村落风貌，而村民的精神面貌一定意义上代表着村落的人文精神。只有村落景观风貌和当地民众精神风貌焕发出勃勃生机，才能证明美丽乡村建设的价值与意义。

---

① 张晋石. 乡村景观在风景园林规划与设计中的意义 [D]. 北京：北京林业大学，2006：18-19.

第四章

新疆传统村落景观整治

——设计模型建构与实践

新
疆
传
统
村
落
景
观
整
治

设
计
模
型
的
理
论
基
础

天山南北大量存在的传统村落与民居建筑，是人民群众改造与适应自然的智慧结晶。任何一个传统村落的存在，都有存在的前提背景和价值意义。探索传统村落营造智慧，结合现代人居环境科学理论，对于建构新疆传统村落景观整治设计模型有着重要意义。

一、"人居环境科学"理论

18世纪中叶以来，随着工业革命的推进，世界城市化发展逐步加快，同时城市问题也日益加剧。人们在积极寻求对策不断探索的过程中，在不同学科的基础上，逐渐形成和发展了一些近现代的城市规划理论。其中，以建筑学、经济学、社会学、地理学等为基础的有关理论发展最快，就其学术本身来说，它们都言之成理，持之有故，然而，实际效果证明，仍存在着一定的专业局限，难以全然适应发展需要，切实地解决问题。在此情况下，近半个世纪以来，由于系统论、控制论、协同论的建立，交叉学科、边缘学科的发展，不少学者对扩

大城市研究进行了种种探索。其中希腊建筑师道萨迪亚斯（C·A·Doxiadis）所提出的"人类聚居学"（EKISTICS：The Science of Human Settlements）就是一个突出的例子。道氏强调把包括乡村、城镇、城市等在内的所有人类住区作为一个整体，从人类住区的"元素"（自然、人、社会、房屋、网络）进行广义的系统的研究，展扩了研究的领域，他本人的学术活动在20世纪60～70年代期间曾一度颇为活跃。系统研究区域和城市发展的学术思想，在道氏和其他众多先驱的倡导下，在国际社会取得了越来越大的影响，深入到了人类聚居环境的方方面面。[①]

近年来，中国城市化也进入了加速阶段，取得了极大的成就，同时在城市发展过程中也出现了种种错综复杂的问题。作为科学工作者，我们迫切地感到城乡建筑工作者在这方面的学术储备还不够，现有的建筑和城市规划科学对实践中的许多问题缺乏确切、完整的对策。目前，尽管投入轰轰烈烈的城镇建设的专业众多，但是它们缺乏共同认可的专业指导思想和协同努力的目标，因而迫切需要发展新的学术概念，对一系列聚居、社会和环境问题作进一步的综合论证和整体思考，以适应时代发展需要。[②]

---

① 吴良镛. 人居环境科学导论 [M]. 北京：中国建筑工业出版社，2001：6.
② 同上。

（一）人居环境科学的综合性定义

人居环境科学，从字面上说，是涉及人居环境的有关科学。它最先是从道氏理论启发、借鉴而来。称之为The Science of Human Settlements，原译为"人类聚居学"，散见于最初发表的一些文章中，并已为学术界所接受。[①] "人居环境科学"是吴良镛及其合作者在1993年前后开始使用的一个术语，"人居环境科学"为涉及人居环境有关的多学科交叉的学科群组。在英译名词上写明"sciences"而不用单数，也体现了学科群组。人居环境科学关心的，不仅是如何把环境科学与环境工程的理论和方法引入人类聚居形态，而且是对相关系统的各个层次的人工与自然环境的相关内容均应引入到规划中去，用以提高环境的质量，形成宜人的居住环境。[②]

（二）人居环境科学的主要基本理论构成

人居环境科学是一个学科群，人居环境科学是发展的，永远处于一个动态的过程之中，其融合与发展离不开运用多种相关学科的成果，特别要借助各自的相邻学科之间的渗透和展拓，来创造性地解决繁杂的实践中的问题。因此，它们与经济、社会、地理、环境等外围学科，共同构成开放的人居环境科学学科体系。

"建筑—地景—城市规划"三位一体，通过城市设计整合起来，作为人居环境科学的核心。三者有着共同的研究对象，即共同研究如何科学地进行土地利用，充分利用自然资源，进行场地规划（site planning）；共同从事环境艺术的创造，以及共同从事历史与自然地区的保护与重建等。但是，在不同情况下，也各有侧重点和扩展方向，即在尺度上、方法上、专业内容上、技术方面各有不同点。例如，建筑学要融合环境、技术理念的发展，从单栋建筑物的设计走向建筑群落的规划与设计；城市规划要融合经济、社会、地理等，从城市走向城乡区域的整体协调；地景学要融合生态学等观念的发展，从咫尺天地走向"大地园林"，为人居环境创造可持续景观。

总之，强调"建筑—地景—城市规划"的融合，其目的主要在于：第一，提醒人们正确处理"人—建筑—城市—自然"的关系；第二，以便将对良好的人居环境的追求落实到物质的建设上，以创造舒适宜人的居住环境；第三，正由于有关人居环境的各个学科、各方面的研究必须落实在物质建设上及其空间布局上。因此，"建筑—地景—城市规划"理所当然地处于核心

---

① 吴良镛. 人居环境科学导论［M］. 北京：中国建筑工业出版社，2001：6-7.
② 吴良镛. 人居环境科学导论［M］. 北京：中国建筑工业出版社，2001：68.

的位置。

从学科组织上看，人居环境科学是一个开放的系统，它是由多个学科组成的学科群。目前，其建构尚处于起步阶段。从人居环境不同方面可以有不同的学科核心和学科体系，就人居环境的物质建设、规划实际来说，则可以作下列考虑。以"建筑—地景—城市规划"三位一体，构成人居环境科学的大系统中的"主导专业"。这里所说的建筑，是"广义建筑学"的具体实践。这里所说的城市规划，不只是单个城市与村镇的规划建设。当前，我国大规模、高速度的城乡建设客观上需要对更为广阔的城市地区及城市区域的整体发展做科学预测、合理规划和法制管理。这里所说的地景，也不仅指传统的公园和城市绿地，而且包括在城市化进程中的大地园林化建设与自然保护地区的划定。现代城市规划学、地景学和建筑学的发展有着共同的背景，即工业革命后，生产力水平迅速提高，人口大规模地向城市集中，城市环境质量急剧下降，而人们对居住环境的要求日益提高等。尽管三者考虑问题的角度不同，所采取的手段也不一样，但有着共同的目标，可以说它们是从不同的途径，努力解决共同的问题，创造宜人的聚居环境（人居环境）。所谓宜人，不仅要求物质环境舒适，还应注意生态健全，即回归自然秩序，"走出樊笼里，复得返自然"，与自然协调发展。

中国古代的人居环境是"建筑—地景—城市规划"三位一体的综合创造，然而这一事实往往为一般研究所忽略，现代治史者每每根据学科的划分，分别为中国、外国古代城市规划史、建筑史与园林史等。从学术上说，当然有所发展，但缺乏固有的内在的联系。可见，我国当前大规模建设实践需要面向21世纪的建筑发展，宜将这三者融贯综合地进行规划设计与研究。显然，"人居环境科学"的系统很大，意义很大，工作量也很大，需要有关专业和社会的支持和努力。

二、"场所精神"理论

挪威建筑学家诺伯舒兹在《建筑中的意图》《存在、空间与建筑》《西方建筑的意义》中，主要运用自然科学方法对建筑的方向感对空间关系进行研究，但是对"住宅是居住的机器"之外情感与归宿也有所提及。确切地说，诺伯舒兹是场所精神理论研究的集大成者，主要观点集中于《场所精神——迈向建筑现象学》一书中。作者对前期建筑理论研究进行反思与总结，并结合海德格尔、柯布西耶、路易斯·康等的相关研究成果，及时调整自己的研究视角和方法，将"住居"向"栖居"过渡，进而研究居住环境的本体，深入场所本质，达到心物合一的效果。

对于广大中国民众来说，村落和家园是生于斯，长于斯，本性与灵气源于斯的地方。用乡愁来理解和概括比较有中国特色，用场所精神来定义却更贴近心扉和靠近灵魂。东西方民众对人居环境的追求，都有诗意地栖居、物我相通与天人合一的终级关怀。

（一）"场所精神"的定义

首先，"场所精神"是罗马的想法。其次，古罗马人认为，所有独立的本体，包括人与场所，都有其"守护神灵"陪伴其一生，同时也决定其特性和本质。"场所"这个字在英文的直译是"place"，其含义在狭义上的解释是"基地"，也就是英文的site。在广义的解释可谓"土地"或"脉络"，也就是英文中的land或context。再次，探究建筑，要从"场所"谈起，"场所"在某种意义上，是一个人记忆的一种物体化和空间化。也就是城市学家所谓的"sence of place"，或可解释为"对一个地方的认同感和归属感"。不过必须指出的是，古代人所认知的环境具有明确特性，尤其是他们认为和生活场所的神灵妥协是生存最主要的重点。例如古埃及不仅依照尼罗河泛滥情形而耕种，甚至连地景结构也成为公共性建筑平面配置的典范，象征永恒的自然秩序，让人有安全感。确切地说，场所精神的概念一直在不断地变化和演进，越来越重视场地与生活、心灵、人性的关怀。场所精神在发展的过程中保存了生活的真实性，民众能够在场所特性里找到灵感和归属，甚至能够重拾过往，找回记忆和重塑精神。

（二）"场所精神"的基本理论构成

诺伯舒兹将场所分为自然场所和人为场所，再分别从现象、结构和精神三方面对场所展开具体而深入的论述。尤其是对场所存在的前提、本质、特性，其他因素与其的关系，以及最终审美主体对其的理解与认知等进行深入而详实的论述。世界不同国家和地区的自然场所和人为场所景观的实例与具体图像，充分说明了场所与人连绵不断的关系，人与场所情景交融，相互成就。

为理解场所精神，诺伯舒兹专门介绍了"意义"和"结构"两种概念。任何客体的"意义"在于它与其他客体间的关系，换言之，意义在于客体所"集结"为何。物之所以为物系因其本身的集结使然。"结构"则暗示着一种系统关系所具有的造型特质。因此，结构与意义是同一整体中的观点，两者都是由现象变化中抽离出来的，并不是合乎科学的分类，而是一种对"恒常性"的直接认知。换言之，是由变幻无常的事物中所表现出明显的常态关系。[①]通过类型学、现象学与格式塔心理学的综合理解与应用，能够更科学与人性地理解场所精神的所指与能指，深谙海德格尔所言诗意地栖居之真谛。

（三）"场所精神"理论的重要指导性价值

首先，诺伯舒兹对将场所分为自然场所、人为场所两类，并从场所现象、结构、精神方面以案例图说方式论述科学得当，切实可行。在自然场所结构论述方面，挪威森林、法国北部平原、丹麦起伏乡野和意大利托斯卡纳地景基本都能够被新疆16个中国传统村落所在地的自然环境所囊括，相似性和匹配度极高。

---

① ［挪威］诺伯舒兹. 场所精神——迈向建筑现象学［M］. 施植明，译. 武汉：华中科技大学出版社，2010：167.

其次，第二次世界大战以后，世界各地大多数的场所有很大的改变。传统聚落的特质已经瓦解到无法挽救的程度，重新建设的城市已经没有了历史的记忆和温度。与城市相比，村落规模与体量微小，功能简单，大部分村落处于乡村，自然修复性较强，为尊重历史和人性，乡村的更新很有必要重视环境与历史所赋予的意义，探究自然与人为场所环境的关系，建筑包被功能之下的情感与归属。美国著名建筑师赖特（Frank Lloyd Wright）便一直在做勇敢的尝试，草原住宅、流水别墅是其重要代表作，深深地影响着全球人居环境建设与发展。

最后，因历史的原因，我国没有像资本主义国家一样充分地原始积累而直接步入社会主义社会，经过不断地摸索与总结，才找到了符合中国发展实际的中国特色社会主义道路。在前期探索和快速发展的当下，城市的建设与发展水平已逐渐接近和超越国际大都市。几经调整，目前中国城市发展的规模与品质宏观把握准确到位，县域城市经济社会发展不断完善与提升的同时，原生性较强的传统村落也逐渐被同化和标准化。中国地域面积大，新疆占国土面积的六分之一，在"三山夹两盆"的自然地理格局之下，新疆地区自然地貌多样，分布广泛。新疆传统村落散布于各个地州，具有截然不同的景观特质与人文气质。尊重场地、尊崇人性，正如赖特所追求的，建构一种庇护，进而达到内部与外部的完美诠释，从而诗意地栖居。

三、"金字塔"审美思维模式

"审美文化"是介乎"道"与"器"、理论与实践、科技与道德之间的特殊文化形态，因其直抵心灵、摇荡性情、润物无声，彰显"共通感"的审美特性，而在民心相通、人文化成和人类命运共同体建构的历史进程中发挥着基础性的枢纽作用，它在本质上也是一种"生产力"。丝绸之路沿线审美文化资源积淀深厚、形态多样，多民族审美文化资源相互借鉴、汇聚融合，多种形式的审美文化资源彼此授受、互证共成、源远流长、得天独厚。在丝绸之路这个审美文化资源高度集中、审美交流密集频繁、审美衍生再生产品丰富多样的文化地理空间中，其物质审美文化、图像审美文化、文学审美文化、活态审美文化和创意审美文化中，都凝聚着独特的资源优势、宝贵的交流经验和丰富多彩的互联互通成果。①

---

① 张进. 论丝路审美文化的属性特征及其范式论意义 [J]. 思想战线，2019，45（04）：
　　140.

（一）建构"金字塔"审美思维模式的背景

近年来，关于新疆传统村落中民居建筑的研究成果比较多，尤以西北生土民居建筑和新疆民居建筑方面的成果最为显著。这些成果主要从建筑学、风景园林学、设计学等视角切入，对建筑形态、结构样式、民居营造技艺、保护与传承路径等进行研究，并运用于创新实践，具有毋庸置疑的学术价值与现实意义。但总体上看，从审美文化视角切入，对新疆传统村落景观的审美文化思维模式建构、实践运用等进行多维度的交叉综合研究的成果则相对较少。因此，进行较为全面系统而深入的专题讨论很有必要。

审美文化是一种特殊的文化形态，是指人们日常生活、文化娱乐等与审美进行相互渗透，以精神体验和审美形式为指导的社会情感文化。审美是一种活动，经过发展与沉淀，以及民众在改造和适应自然的过程中，积累起来的一种具有审美特质的一种心理感受，以及造物活动过程中而发展起来的民居建筑。民居建筑具有悠久的历史、丰富的文化，简单机械地用外来手法解剖和欣赏是不科学的。现当代建筑的设计与营造是比较分立的，而传统民居建筑大部分是口传心授，代代传承，多为民众自己亲手修建。新疆传统村落中的维吾尔族民居大部分是家人自建，或者在关键的技术方面请有经验的乡邻帮工。因维吾尔族大部分生活在沙漠绿洲区域，主要从事农业生产，修建房屋注重永久性考虑，而哈萨克族是逐水草而居的游牧或半农半牧生产生活方式，毡房是他们的主要民居建筑形式，体现出轻巧、便捷、经济的生态智慧。因此新疆传统村落中的民居建筑是丝路凝固的沙漠驼铃声，是人类社会发展的活化石，是丝路文化的重要组成部分。

（二）建构"金字塔"审美思维模式

从哲学、艺术等众多学科的发展史可以看出，优秀的设计作品或艺术品在创作实践过程中都遵循"否定之否定"原则，经历"从遇到问题到解决问题，再遇到再解决"这一循环往复、螺旋上升的过程，进而产生新的理论和方法。尤其是现代社会，传统的自然科学、社会科学、人文学科等，都经常面临挑战和冲击，在建构理论与研究方法方面必须有效地交叉综合，才能有更大地创新和进步，便于服务人类社会，如抖音APP、大数据传播等，就是计算机与通讯技术、传播学、艺术学等协同创新的最优成果。

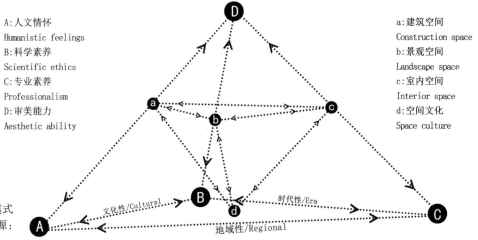

A:人文情怀
Humanistic feelings
B:科学素养
Scientific ethics
C:专业素养
Professionalism
D:审美能力
Aesthetic ability

a:建筑空间
Construction space
b:景观空间
Landscape space
c:室内空间
Interior space
d:空间文化
Space culture

文化性/Cultural　时代性/Era　地域性/Regional

图4-1 "金字塔"审美思维模式内核示意图（图片来源：作者绘制）

1. 审美思维模式的理论基础

审美文化是在大文化氛围下，进行的审美实践与美育活动。审美文化思维模式必须以文化背景、美学理论、相关学科理论为基础，进行思维模式空间建构，根据实际情况，并与时俱进。为了让更多的人了解美学，认识美学，热爱美学，提高审美能力，繁荣美学与美育事业。我们必须回到审美文化教育的本义，即感性教育、情感教育、明确美育的本质和功能范围，使美育在整个大教育的宏观体系中拥有自己独立的品格和地位，这是我们更好地研究、认识和运用美育的特征、规律的必要前提。任何理论的建立都有其存在的基础，建构新疆传统村落景观审美思维模式，必须以中华传统文化为底色，以美学、建筑美学、园林美学、设计美学等相关理论为研究基础，辩证地吸收各位学者的优秀理论，结合大量关于新疆的历史文化、人文地理、民居建筑等相关研究成果，以民居建筑为实物模型，对其审美思维模式进行理论建构切实可行。

2. 审美思维模式的构成要素

1）人文情怀

推动任何学科理论发展进步的学者，本身是有情怀之人。只有从情感上喜之、好之、乐之，才具有乐此不疲的主观能动意识，促使自己去研究和发展。美感是一种心理活动，审美心理中的历史文化因素对个体的美感有相当大的影响和制约。美感的存在方式和人的审美态度有关。不同的人对相同现象持有的主观态度不同，就会产生不同的美感。因社会现实等主客观原因，当前从事审美文化研究的人并不多，选择美学作为专业，更多的是不得已而为之。因此，人文情怀是审美文化思维模式建构的首要基础。

2）科学精神

美学发展到今天，其概念与定义也应该有所发展。20世纪初很多美学家还狭隘地将美学理解为艺术理论，认为美育就是艺术教育。时至今日，电影电视艺术、数字媒体技术得到了空前发展，甚至我们的生活，无时无刻不与这些艺术接触与交往。如果时空真能够穿越，相信那些美学家对自己坚守的概念，也会进行修正。美学本身是以人文科学为主，多学科交叉融合发展，并不断自我革新的，能够惠及大众的一门新兴学科。在当代从事审美文化研究时，具备一定的科学素养，保持一定的科学思维，借鉴可视与量化的研究方法，将审美文化研究做得更饱满而丰实，值得可期。

3）专业素养

将美学运用到具体的审美实践领域，若不谈专业而只言美学，就显得过于形而上，只重专业而轻视美学，则又显得过于形而下。笔者认为，不能发自内心的、主客体分离的审美活动与相关理论，都不能真正解决问题，进行审美活动和审美文化研究时，都必须在相关理论的指导下，进行审美活动实践、体验、感受、总结，进而得出结论。

对于新疆传统村落景观审美文化思维模式的建构，要求研究者具备在当地长期生活的切实体验，游历丝路及其沿线的丰富阅历，在当地从事人居环境设计与建设工作的实践经历，还要求具备一定的理论素养和人文情怀，懂得在审美实践中不断角色互换和主动融入，能够将民居建筑本身的特性与能动的审美活动实践结合。换言之，专业核心素养指有境界、有情怀、有激情，能够解除心理隔阂，冲破专业壁垒，以建筑为纽带，向外拓展到景观与风貌，向内发展到室内与陈设，在相对平衡的基础上，交叉渗透、协同创新的专业核心素养。

3. 审美思维模式的建构原则

进行审美文化研究，必须认清社会发展形势，准确把握大趋势，正确面对全球与地域、时代与传统、文化与自然之间的具体矛盾，坚持在继承的基础上进行创新，做到现实与理想、理论与实践、审美与教育有机结合。面对当前中国建筑实践与理论的双层危机，公众审美与传统文化愈走愈远的情况，著名建筑学家何镜堂创立的"两观三性"建筑论以一种极具中国传统哲学理念的"和谐"价值取向以及间接透彻的表达形式，表现出鲜明的中国特色、中国风格和中国气派，获得建筑界的普遍推崇。何镜堂"两观三性"建筑论对于当今的建筑行业中比较普遍性的问题提出了针对性的解决方法。

作为一种建筑观和方法论，"两观三性"在西部边疆地区得到了广泛的运用。如笔者在新疆昌吉市的游园景观设计过程中，"两观三性"在规划和设计中就有较好地体现。其中"两观"指整体观和可持续发展观；"三性"指地域性、文化性和时代性。在设计接洽、初步方案、扩初方案、施工图设计等阶段，设计师都不断地用文化背景、设计理念、形式语言对其进行诠释。在设计整个过程中，需要对每一个环节都要有严格的控制，既要有可持续发展的战略眼光，还需要有实事求是、求真务实的专业精神，对场地利用的深度和满足市民需求的

广度上下功夫，注重对空间层次、景观要素、行为心理、文化情感的把握。此外，为市民提供平等共享，具有"两观三性"，能够体现人本主义关怀，具有归属感和幸福感的人居环境景观。何镜堂"两观三性"建筑论为建筑设计"在无数的可能性中寻找到最合理与恰当的表达"提供了"宏观的思想指导"。进而言之，"两观三性"是在大量设计实践基础上创立的，并且得到了广泛传播，各界普遍认可和推崇，作为审美文化思维模式的建构原则，具有哲学意义和指导价值。

4. 审美思维模式的空间结构

1）中华优秀传统文化是模型空间建构的基础。审美文化思维模式空间结构的模型在正三棱锥的基础上演变而来。正三棱锥既有"三""山"的本体内涵，也有"山水"的召唤外延。《说文解字》云："三，天地人之道也。从三数。"就是说，"三"首先体现的是宇宙天地和人生社会的意义，上为天，下为地，中间为顶天立地的人，充分体现了中国哲学天人合一、顺应自然的和谐的文化理念。老子"道生一，一生二，二生三，三生万物"的观念，也显示了"三"是万物的基础与本源。《说文解字》曰："山，宣也。宣气生万物。"可见，"山""三"有会意相通之意象，在本模型中也能够完美结合。从模型的演绎图就可以明显感受到，以大地色彩为基底，将正三棱锥各个侧面赋予被公认为是"万象本原"的红黄蓝三原色。通过视角切换，模型演示，明显能感受到同一审美客体，因审美主体的视角、维度，以及时间的不同而呈现出不同的形象。因此，模型的内核与外缘既是形态上的外圆内方，又是文化上的刚柔并济，更是对何静堂"两观三性"的解构与新建。同时，审美文化思维模式演绎图对"三生万物，万物归一"的观念进行了比较充分的诠释，其总体意象却具有浓郁的丝路风韵。

2）专业素养是模型空间建构的内核。审美文化模型空间中的"倒三棱锥"代表了核心专业素

养。包括建筑空间、景观空间、室内空间、空间文化，其中前三者具有一定的专业属性或界限，均处于同一平面。中华民居建筑经过数千年的积累、沉淀、发展，相互融合、渗透、凝练而成物质与非物质交融的空间文化，哺育着当地民众，滋养着他们的心灵。

3）正反、大小、方圆的对立统一规律是模型空间建构的方法。郦伟、唐孝祥等运用"两论"对何镜堂提出的"两观三性"建筑论进行了具体而深度地阐释，其中很多观点对于模型建构的空间关系也有重要的指导意义。何镜堂"两观三性"论深受毛泽东"矛盾的对立统一法则"等经典论述的影响。"整体观"实质上就是将建筑视为对立统一的矛盾的集合体，"可持续发展观"抓住了当下建筑发展中的主要矛盾以及矛盾的主要方面，而"地域性、文化性和时代性的和谐统一"则体现了对"地域性""文化性""时代性"之间矛盾的"斗争性与同一性"，即"一面相互对立，一面又相互联接、相互贯通、相互渗透、相互依赖"的关系。

（三）建构"金字塔"审美思维模式的价值

研究新疆传统村落景观的重要意义不言而喻。丝绸之路是中国向西开放和发展的一个重要路径，新疆是桥头堡。在航海技术不发达的古代，我国与外界交流主要通过丝绸之路进行，通过丝路将中国优秀传统文化向西传播到世界各地。新时代以来，习近平总书记以高瞻远瞩、放眼世界的气魄，提出"一带一路"倡议，明确提出我国必须向西发展，主动融入世界发展战略。不难想象，新疆传统村落景观对于中华民族优秀传统文化向西传播发展十分重要，对其进行研究具有重要的学术价值和现实意义。可以说，新疆传统村落景观是中华优秀传统文化在丝路沿线传播过程中，对当地人文地理的有效适应与发展，经过历代民众改造的自然和智慧创新的结晶。研究新疆传统村落景观对维护国家的稳定与繁荣，构建中华命运共同体有着重要意义。

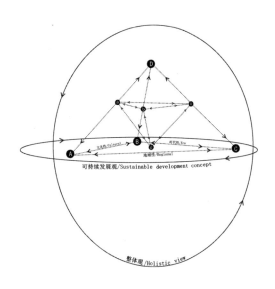

图4-2 "金字塔"审美思维模式整体结构示意图（图片来源：作者绘制）

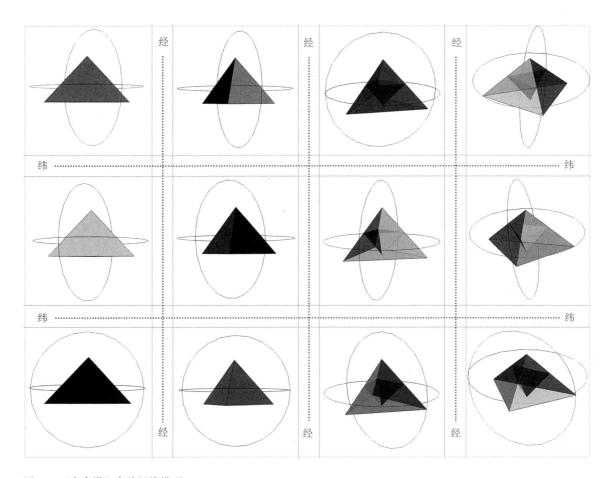

图4-3 "金字塔"审美思维模型
演绎图（图片来源：作者
绘制）

1. 探寻中华优秀传统文化向西传播的踪迹

从历史学、地理学、艺术学、人类学视角看，丝绸之路对中华优秀传统文化的传播具有重要意义。依据大量的历史遗迹和考古资料，可以清楚地辨析楼兰古城遗址、尼雅遗址等留存的丰富的中原文化特征的遗迹、遗物。尤其是楼兰遗址的建筑形制、建筑材料、建造手法，以及展陈于新疆博物馆的陶器、服饰等带有强烈的中原文化符号特征与审美意象。再如克孜尔千佛洞等历史遗迹，蕴藏着丰富而极具代表性的器物、绘画、装饰纹样等。因此，在进行艺术文化史研究时，必须追根溯源，建构多元、综合、交叉的审美文化思维，探寻中华优秀传统文化在新丝路的传播踪迹，及其对现代生产生活的重要影响。

2. 开掘中华优秀传统文化与地域文化的智慧结晶

新疆传统村落景观是中华优秀传统文化与地域文化的智慧结晶。中原地区传统村落民居建筑，在古代都是以木结构或土木结构为主。西北地区民居建筑以窑洞民居、生土民居为主。夯土建筑和土坯建筑是维吾尔民居建筑的主要形式，交河故城遗址全部是生土风貌遗迹，其中部分民居建筑遗址保存较好。当地现存的传统村落中，民居建筑营造技艺与装饰手法与其有较大的相关性，具有较强的传承性。调研发现，吐鲁番、喀什、和田、阿克苏等地的生土民居建筑的形制布局、工艺构造、营造手法具有高度的相似性，具有明显的地区差异，充分体现了因地适宜、和而不同的营造理念。与南方民居不同，新疆民居建筑以平顶结构为主。南方地区多雨，屋顶一般都在三分水以上，便于加快雨水流动与引导。而新疆地区干旱少雨，冬季以雪为主，屋顶半分水不到，显得十分平缓。从简单的民居建筑屋顶分水变化就可以看出，不同地区民众改造自然和适应自然的勤劳智慧。当前正是脱贫攻坚和乡村振兴的关键时期，进行大量的基础性调研，运用相关学科方法进行梳理和分析显得尤为重要。调研结果显示，新丝路沿线各地群众认为传统村落民居建筑是中华优秀传统文化和地域文化的智慧结晶，在进行乡村振兴时，增加具有文教与美育功能的特色景观建筑很有必要。

3. 构筑中华命运共同体的牢固根基

加强对新疆传统村落景观审美文化特性的挖掘，以与人们生活息息相关的人居环境为载体，通过"历史+文化+美育"的方式，营造良好的审美文化氛围，完全有可能达到"教为不教，学为创造"的效果。随着社会各项事业的发展，尤其是信息社会的快速发展和自媒体的繁荣，抖音APP等平台的广泛使用，边远地区的人们打破了思想禁锢，将自己的生活环境、美丽风景，以及各个方面分享给公众。各民族同胞主动走出自己的范围，分享生活，融入社会，逐步走向了祖国各地人民的生活之中，为民族团结与繁荣昌盛作出了重要贡献。在有限的环境条件下提升自我，超越自我，是利用好各种资源与条件，提高全民审美文化水平，筑牢中华命运共同体的责任所在。

可见，对新疆传统村落景观审美文化的研究，要求研究者具备建筑、景观、室内相关学科与专业素养，还能够从历史视角、文化维度，运用哲学思辨思维对其进行综合驾驭与把握。既要与周围各种因素发生联系，又要坚持"两观三性"原则，要不偏不倚，更要综合、交叉、渗透、融合，才能够建立科学合理的审美文化思维模式，进而形成适宜于新疆传统村落广大民众的审美文化成果，服务新疆各项事业发展。

开展研究，不仅要知其然，还要知其所以然。任何设计实践，都需要有切实可行的方法作为指导。在功能主义至上的过去，全球人居环境设计硕果累累，但随着社会的发展和对现代主义建筑的质疑，尊重场地与人性，逐渐成为人居环境建设的重要因素。对于新疆传统村落景观的整治与复兴来说，建立整治设计模型，有必要厘清与明确建构基础的具体要素组成，注意模型建构要素的独立性和交叉综合性。

一、宅形文化

美国当代著名建筑理论家阿摩斯·拉普卜特（Amos Rapoport）的著作《宅形与文化》深刻影响了20世纪的世界建筑。该书从人类学和文化地理学的视角，通过大量实例，分析了世界各地住宅形态的特征与成因，提出了人类关于宅形选择的命题。拉普卜特以文化相对主义和法国年鉴学派的历史观，对人类社会不同种族现存的居住形态和聚居模式进行跨文化的比较研究。试图从原始

性和风土性中辨识住宅的恒常与变易之意义与特征，以反思突进的现代文明在居住形态上的得失，为传统价值观消亡所带来的文化失调和失重寻求慰藉和补偿。[①]

在中国传统社会，房屋基本是普通家庭的全部或重要的财产，这些房屋营造主要以民间匠师为主。因中国国土面积大，地形地貌多样，经过长时间的积淀和发展，形成了不同类型的居住文化带。但自秦汉以来，儒家礼教文化思想渗透到中华大地的各个细微之处。房屋作为人类社会发展重要的容器与载体，承载着各种信息与密码。

传统村落中的民居形制，不仅仅是外观形式或风格，而是特指与居住生活形态相对应的住宅空间形态。既包括布局、朝向、场景、造型、装饰、象征和技术等方面内容，其文化内涵更是人对居住环境的适应和选择。进一步探究可以发现，传统民居形制是多方面因素综合影响的结果。具体如下：

首先，传统民居形制受当地传承下来的一直沿用的形制影响。在乡土社会，民众从众心理比较严重，循规蹈矩既可以被理解为尊重传统，也可以理解为以和为贵。毕竟中国封建社会历史漫长，乡

---

① 常青. 风土建筑的现代意义——《宅形与文化》译序 [J]. 时代建筑, 2007（05）: 144.

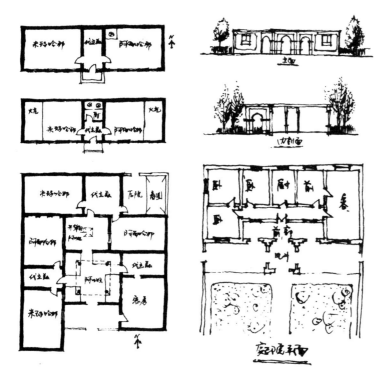

图4-4　维吾尔传统村落民居建筑形制图（图片来源：作者抄绘）

土社会受其各种文化和典章制度影响深远，短期内改变具有一定难度。俗话说习惯成自然，这里的自然也有道法自然之意义。而新疆大部分地区自然地理气候本身比较单一和恶劣，运用生土、土木、砖木修建房屋已实属不易。村落中的树种生长比较缓慢，观赏价值比较一般。长期以来，在改造和适应自然环境的大背景下，当地民众养成了守传统、沿习俗、勤劳朴素的性格。

其次，传统民居形制在限定性背景之下不断地演变与生成。从局部看，乡土社会同样的生产生活方式，却有着不同的生活状态与品质。如相同建筑材料和营造技艺，其建筑形制就有所不同，主要原因在于每个家庭对房屋的基本需求有所不同。在经济条件允许的情况下，家庭成员数量与房屋的间数成正比。为了美观，房屋的高度也会与地面开间与进深进行正向协调。新疆传统村落分布广，牵涉面大，不同族群有着不同的生产生活方式。南疆地区的维吾尔族民众主要以农耕为主，基本会定居在一个地方，毕竟土地作为主要的生产资料被固定，进

而辛劳耕种，繁衍生息。北疆的部分牧业地区，民众以游牧为主要生产方式，过着逐水草而居的生活。北疆地区冬季严寒而漫长，牧民不得已要转场过冬，与南方的蜂农似乎有着类似的生活方式。随着研究人员对牧区人员、草场面积、平均产草量等综合分析，全疆牧民定居工程大力实施，新疆各地牧区逐渐固定下来，大部分地区冬季不需转场就能够顺利过冬。特克斯县喀拉达拉镇琼库什台村、布尔津县禾木哈纳斯蒙古民族乡禾木村、喀纳斯景区铁热克提乡白哈巴村以及周围的牧场村就是典型代表。调研发现，随着新疆全域旅游的全面发展，草原地区的民宿行业蓬勃发展，村落中的毡房、井干房、砖木房等相互映衬、包容协调，形成了一道靓丽风景。

最后，传统民居形制受家庭观念的影响。传统村落一般都有较久远的历史，传统村落的形制受家族（部落）和家庭（成员）两方面的影响。中国民间有"民不与官斗"的礼俗文化，"斗"原意为"争斗"，而在此可以理解为"攀比"的意思。相对而言，中国乡土社会具有自给自足、耕读传家、内秀

本分的特质。因此在建造房屋时，本着"财不外露"的观念，很多民间形制采取合院式布局，就算比较简单的民居也采用"一明两暗"的形制布局。在社会动荡时期或多匪患的地区，民居建筑则以高墙深院为主，南方地区的客家"围笼屋"是主要代表。

可见，仅从场地、结构、材料和营造技艺方面研究民居建筑，则处于低层次研究阶段，这主要受现代主义和功能主义建筑思潮影响所致。对于组成具有浓厚地域特色风貌和历史人文特质的传统村落景观的民居建筑来说，运用历史、人文、艺术、科技相互交叉综合的思维与方法研究民居形制切实可行。

二、营造技艺

民居建筑作为构成新疆传统村落景观的重要元素，其营造技艺既受当地自然环境的影响，又受传统土木结构的影响，但是最终还是多方面折中而成。从尼雅遗址和楼兰遗址的形制可以明显看出，当时的建筑呈群落式，以土木结构为主，建筑形制与中原地区一致。在当时来说，新疆现存的重要遗址建筑具有一定的"城池"意识，且具有亦官亦民的二重性。从现存的新疆传统村落民居建筑营造技艺来看，基本延续着中国乡土社会的民居营造技艺，只是随着地域和族群的不同，存在着不同的特色罢了。

（一）基底

基底，即基础。基底承载着整栋建筑的重量，决定着建筑的体量与高度，影响着建筑空间形态样式。"万丈高楼平地起"力在劝诫人们做事要脚踏实地，而不能天马行空。以人体结构为例，基底好比人的双脚，"脚大江山稳"就能清楚地诠释基底的重要作用。仔细推敲，上述话语存在一定争议，毕竟所有的房屋都是建立在基础之上，而基础都是从地表之下"生长"出来。可见，世界万事万物都与大自然有着千丝万缕的联系，正如乡土社会中的传统民居与植被一样，都是从地下生长而出。俗语"树大招风"既有所指，也有能指。事实如此，运用基础物理知识可以清楚地解释在风压一定的前提下，树冠的大小与树本身所受压力成正比。如果树根稀疏而浅薄，毫无疑问会被连根拔起。因此，正如历代统治阶级将民众比作国之根基，人才比作国之栋梁，可见，房屋的概念在中国各个历史时期，在人们心目中有着重要地位。

调研发现，新疆各地传统村落民居在营造时都注重基底的建造，根据房屋的体量、形制，以及所在地区而有所不同。木垒哈萨克族自治县的传统村落处于天山缓坡丘陵地带，有着较好的生产与生活条件，房屋基底基本采用条形基

图4-5 阿克苏市柯坪县阿恰勒镇
传统村落民居建筑（图片
来源：张禄平拍摄）

图4-6 昌吉州玛纳斯县北五岔镇
沙窝道村传统民居建筑基
底（图片来源：作者拍摄）

图4-7 昌吉州玛纳斯县六户地镇
梁干村传统民居建筑基底
（图片来源：作者拍摄）

础。条形基础槽宽约60厘米，深40～60厘米不等，房屋完成地面与室外地面高度差为一个台阶高度。选用当地比较硬质的碎石或卵石作为主要基底材料，再用简易三合土将其粘结，在砌筑时基本能够保证棱角与界面的大致平整度。处于塔里木盆地腹地的和田地区民丰县萨勒吾则克乡喀帕克阿斯干村因处于沙漠之中，茫茫沙海，根本找不到石头，当地民众尽量选择具有一定粘稠度的泥巴，将秸秆切断拌和其中，并用模子制成土坯。几何尺寸相对规整的土坯通过泥巴粘结砌筑，便制成房屋基础。处于牧区的民众因有大量的牲畜，运输相对方便，能够在当地或较远的地区通过马匹运输石料，进行房屋基底建造，因井干式住宅成型干燥后重量比厚实的砖墙或土墙要轻很多，所以其基底只要具备防腐、防水、承重功能即可。因毡房具有质轻、便捷和临时居住的特性，对基底的营造要求偏低，民众基本选择安全、平坦和不易积水之地即可。

（二）墙体

墙体，是民居建筑的主要外部围护结构。通常情况下，墙体是民居能够给人们以直观感受的部位，能够供民众近距离触摸、体验、感受。墙体不是独立

图4-8 阿克苏市库车县传统街巷中的民居建筑外墙形态特征（图片来源：作者拍摄）

存在，尽管没有基底的承载功能，但却有着划分功能区域，影响空间行为，决定民居样式的作用。在结构与质量保障的前提下，墙体不仅仅要完善自身，还需要协调民居屋顶与基底的关系，不同墙体界面之间的围合关系，单一界面中门窗比例、位置关系与其他界面之间的各种关系。可以说，民居本身就是各种智慧的结晶，房屋主人与营造匠师是主要策划师和决策者。自鲁班开始，其历代传承者都有着尊传统、善思考、勤修炼、重现实、贵坚持的优秀品质。因地理环境的差异，全国各地的建筑墙体营造有着较大差别。

就新疆传统村落民居建筑的墙体结构而言，天山南北的不同族群也有较大区分。南疆大部分地区传统村落以生土为主要建筑材料，根据不同的经济条件，民众主要以土坯砌筑、生土夯筑为主；北疆地区传统村落主要以土坯砌筑、砖包皮砌筑为主；牧区传统村落将原木以简易榫卯的方式进行井干式搭接围护，还有部分根据实际需要使用毡房。毡房具有现代装配式住宅建筑

图4-9　和田地区墨玉县喀尔赛镇传统民居建筑中的编笆墙结构（图片来源：**作者拍摄**）

图4-10　新疆建设兵团农六师新
　　　　湖农场即将废弃的传统
　　　　民居建筑外部形态特征
　　　　（图片来源：作者拍摄）

图4-11　昌吉州木垒哈萨克自治
　　　　县古民居建筑外部形态
　　　　（图片来源：刘晶拍摄）

的优秀特质，如灵活、质轻、便捷、保温等。毡房是生活在草原上的逐水草而居的众多族群的共同智慧。随着社会的发展和技术的革新，毡房的骨架结构材料已逐渐从传统的木制材料过渡到耐腐蚀，并可持续使用和自由更换的镀锌钢管结构。

（三）屋顶

屋顶，即房屋的顶盖，具有遮风避雨和抵挡风雪之功用。人们经常提及建筑的庇护性作用，推敲后会发现，屋顶和墙体都具有重要的庇护作用。只不过前者主要抵御来自自然地理气候的风险，后者主要来自人为或者动物的风险。风险来源主体不同，但并不意味着截然分开，而是相互交织与影响。屋顶，好比人体结构的头部；或者是生长于头部的头发；或者是戴在头上的帽子，帽檐与屋檐有着近似的意象。不难想象，在历代社会，民众都比较注重自身的形象与气质。同理，屋顶的结构、样式、形态等诸因素，和墙体与基底共同决定着传统村落中的民居建筑风貌，乃至整个村落景观风貌。"风貌"与"精神"经常组合成"精神风貌"，进而可以清楚地理解屋顶之于传统村落中的民居建筑景观的重要性。

图4-12　新疆建设兵团农六师新湖农场民居建筑屋顶外部形态样式（图片来源：作者拍摄）

图4-13 昌吉州玛纳斯县北五岔
镇沙窝道村传统民居密
梁缓坡屋顶结构（图片
来源：作者拍摄）

图4-14 昌吉州木垒哈萨克自治
县古民居建筑外部形态
（图片来源：作者拍摄）

图4-15 昌吉州木玛纳斯县六户地
镇民居建筑屋顶檐口装饰
（图片来源：作者拍摄）

图4-16　巴州焉耆县七个星镇霍拉
山村民居建筑屋顶形态
（图片来源：作者拍摄）

新疆传统村落中的民居建筑，是传统村落景观的重要组成部分。而能够在远处给人以直观感受的，主要是民居建筑的外立面。因新疆地域面积大，在干旱欠发达的大背景下，又因复杂的地貌和小气候因素，各地传统村落又具有较强的独立性。如牧区的井干式住宅与西南地区部分民居有着较强的相似性，南方丝绸之路沿线的傈僳族木楞房的营造技艺与其很接近。毡房与蒙古包可以比作同一母亲养育的双胞胎。仔细深究会发现，这些民居建筑的屋顶结构是当地民众在多种限定性条件下，充分发挥辛劳智慧，不断地改造和适应后所形成的最适合自己生产生活方式的结果。哈密、昌吉地区的传统村落民居建筑与河西走廊地区的民居建筑景观风貌很接近。屋顶主要以缓坡平顶结构为主，在不同材质的墙体上搭设原木檩，依次在檩上比较均匀密集的铺设原木椽，2~3层芦苇席，最后再将拌和有秸秆的黏土覆盖其上。条件好的家庭会在屋顶象征性地修建风火墙，并与前后屋檐结合起来，进行必要的装饰。其形态特质与营造技艺基本与西北地区一致。南疆地区干旱少雨，尤其是喀什、和田等地区，屋顶的坡度最小。其密梁平顶结构与北疆地区最大的差别在于屋顶搭建鸽棚。喀什地区，无论是砖木结构还是生土结构的民居建筑，密梁平顶的主要梁构件都是贯通墙体，伸出墙壁，尺寸不等。在阳光的照射下，土黄色的外表或明或暗，或稀或疏，呈现出节奏与韵律的交织。因此，可以说，喀什高台民居建筑群是对建筑是凝固的音乐最好的诠释。

（四）装饰

装饰，即装扮与修饰。装，有修理与装扮之意；饰，有粉饰与美观之意。因此，装饰不仅仅有装扮与修饰的本意，还具有美观与提升之功用。对于传统民居建筑而言，在客观建筑主体一致的情况下，装饰技艺与水平，决定着建筑总体的风貌与价值。在传统民居中，土建材料本身既是建造元素，又具有形态色彩与质地结构，在营造过程中，稍微重视砌筑工艺，就能够形成比较精致的建筑装饰效果。可以说，主体与装饰，是民居建筑景观风貌价值的重要影响因素，二者是相互影响、相互成就的关系。具体地讲，民居建筑其装饰的本意主要指对建筑主体部分进行必要的完善、装扮、修饰，使房屋达到坚固、适用、美观的效果，让生活其中的人们更有场所感和归属感。随着社会的发展，生产力水平的不断提高，民居建筑装饰艺术蔚然成风，一味地追求豪华与精致，进而使装饰超出其本意，逐渐成为身份和地位的象征。

在新疆传统村落中，大部分民居建筑装饰相对比较简单，具有一种素朴的乡土美。昌吉地区的部分民居建筑营造，采用毛石或卵石作为基底主要材料，然后用简易三合土进行粘结，并进行勾缝处理。这种基底同样有着色彩、肌理、质感等比较细腻的对比，石材与勾缝形成的图底关系对比也具有大小、长

图4-17　和田地区墨玉县阿克萨
　　　　拉依乡墩艾日克村民居
　　　　建筑装饰（图片来源：
　　　　张鉴绘制）

图4-18　伊犁州伊宁县传统村落
　　　　民居建筑外部装饰（图
　　　　片来源：作者绘制）

短、曲直、光洁与粗糙的对比，体现出一种近似天然的美感。牧区的井干式建筑和毡房的装饰主要体现在原木结构本身的质感美和原木累积而成的韵律美。毡房内部骨架，竖向以屋顶中心向四周和地下发散，横向环形连接，具有经天纬地之意象。骨架与具有装饰纹样的挂毯、门帘等室内陈设要素，共同建构成民众的宜居生活空间。墙体装饰营造不能机械地理解为精雕细琢。事实上，传统村落民居墙体装饰，主要体现在墙体材料本身及砌筑工艺，像晋商大院、北京四合院一样的砖雕艺术在新疆实在鲜见。这既有工匠技艺水平、经济实力的因素，还与恶劣的天气有着重要关系。

通常情况下，当地民众更注重室内空间的装饰，受地域与民俗文化的影响，维吾尔族民众对建筑室内外装饰艺术都很重视。

（五）庭院

庭院，即门庭和院落。传统中国乡土社会有前庭后院一说，但在不同的地域，庭院布局也存在一定的差异。对于普通民众来说，庭院是家庭的私有空间，具有强烈的领域感和专属性，同时具有一定的包庇性和包容性。庭院就是家庭的重要财产，因此民众愿意将大量钱财用于家园的建设中，诸如此类不胜枚举。在北方合院民居院落中，门庭是主人身份和地位的象征。在相对封闭的民居院落营造过程中，民众对门庭的重视程度不亚于建筑和内部空间营造。民居庭院作为传统村落景观的主要构成单元，品质与风貌直接影响着传统村落的整体风貌。从场地与空间组合关系看，庭院景观主要由主体建筑、附属建筑、院落植被要素等构成。因地理气候与经济水平等因素的差异，庭院景观构成要素的占比有所不同。传统民居庭院的营造技艺基本延续于民居建筑，材料适用和构筑手法类似。因庭院空间的具体适用功能与民众的行为方式差异而不同。

新疆传统村落中，天山北坡沿线的民居院落相对比较开敞，民居建筑占庭院景观的主体，因庭院面积大，居住空间与院内生产性空间有明显的划分。院落营造基本由同一批工匠完成，营造手法接近，庭院各个景观要素的差别主要表现在尺度、体量方面。庭院与外部公共空间有明显的边界区分，主要以围墙、水渠、篱笆、树木等景观要素进行划分。牧区传统村落民居庭院边界不太明显，主要受其生产生活方式所决定。具体的讲，牧区院落占地面积大，比较分散，没有用围墙或围栏作为构筑物进行边界划分。院落中除了房屋、构筑物、牲畜圈之外，庭院似乎没有边界，并且能够与周围环境天然融合。似乎有庭院即场地，场地即自然的大地景观意象。而南疆地区传统村落民居庭院一般以高围墙进行封闭，因南疆部分地区人口密度大，庭院面积相对较小。庭院是维吾尔传统村落景观的重要组成部分，是连接室内空间与庭院外部空间的"灰

图4-19 吐鲁番市鄯善县吐峪沟
乡麻扎村民居建筑庭院
（图片来源：作者绘制）

图4-20 吐鲁番市鄯善县吐峪沟乡
麻扎村生土民居庭院景观
（图片来源：作者绘制）

空间"，具有功能的多元复合性和文化的多义性，并且能够折射出当地人居环境的民俗文化、历史传承乃至场所精神。鄯善县吐峪沟麻扎村地处峡谷地带，民居庭院主要以爬坡式为主，院落空间布局比较灵活，通常是根据使用功能的不同而灵活组织，具有因地制宜、顺势而建的特征。大部分院落依山而建，分前后两个院落。由于借助地形作依托，逐层不断拾级攀升，形成民居高低错落的形态，不同的落差也被巧妙地加以利用，体现出日常劳作、休闲、社会交往等多样化功能。麻扎村各家院落的分隔主要以夯土或者是土坯砌筑围墙，因通风空洞较多，形成了不同使用功能的半开敞式空间。大多数围墙带有随机性较强的形态多样的通风口，既能分隔各家各户院落，又能够阻挡风沙侵扰和保持空气流通。吐峪沟生土土质的特性良好，生活设施、构筑物、砌筑物的营造材料都以生土、木材为主，其他建筑材料为辅进行营造，使其彰显出美观、牢固、实用和生态等特质。

三、营造材料

对于民居建筑来说，材料是米，匠如巧妇。可以看出，营造材料对于民居建筑起着决定性作用。民居庭院作为构成传统村落景观的重要组成单元，其营造过程中所需营造材料众多。为便于理顺关系，本研究将新疆传统村落民居建筑营造材料分为土建、装饰、陈设三类，分别对其进行论述。

首先，与西北其他地区一样，新疆传统村落民居建筑的土建营造材料以生土和砖木为主。新疆传统村落中，民居建筑形态与结构相似度高，均为土木结构、密梁平顶，都以生土为主要营造材料。受地理特征、气候环境的影响，导致当地民众比较智慧地选择生土。主要原因是在当地民众心目中，生土被认为用之不竭，基本不需要什么成本，完全可以就地取材，而且生土本身的物理特性与荒漠气候的特殊性相同。生土最大的优点就是导热系数小，热惰性好，对保温、隔热都相当有利。生土很容易被加工为不同形态、结构、样式，最终民居建筑景观风貌效果完全取决于这些乡土师傅们的独具匠心。因生土夯筑和土坯砌筑的墙体容易被侵蚀，经济条件好的地区存在砖木结构民居建筑。在夯土和土坯砌筑的墙体外部再砌筑一层红砖，起到保护和装饰效果。

其次，新疆传统村落民居装饰营造材料以生土、木材、石膏、地毯为主。当地民居建筑装饰构件相对简单，没有繁复的细节，与当地的经济条件有直接关系，也受特殊的自然环境影响所致。鄯善县吐峪沟麻扎村的传统民居基本上都是土木结构，以夯土墙和土坯砌筑为主，整体装饰风格以简朴、实用、细部点缀为主。建筑装饰构件方面主要以生土和木材本身的质感和色彩进行装饰。在门、窗、柱、檐口、楼梯、栏杆等部位，装饰结构上以简单的直线为主，讲

图4-21　阿克苏市柯坪县阿恰勒
　　　　镇生土民居建筑（图片
　　　　来源：张禄平拍摄）

图4-22　昌吉州木垒哈萨克族自
　　　　治县西吉尔镇传统村落
　　　　庭院石砌墙垣（图片来
　　　　源：刘晶拍摄）

图4-23 巴州焉耆县七个星镇霍拉山村民居庭院中的红砖材质（图片来源：作者拍摄）

求对称，细部有曲线轮廓装饰，如门板与门方拼接收口处，楼梯和栏杆的立柱弧形轮廓等，波斯装饰艺术纹饰特征相对明显。室内空间界面装饰主要以材质本身质朴的美作为审美特征而存在，主要体现在墙体的砌筑工艺方面，土坯本身有一定的彩色、质地和比例形态，通过砌筑工艺中顺丁缝隙及比例关系处理，在立面上能够形成具有一定规律性的构成，形成符号特征明显，装饰意味浓郁的效果。①

最后，新疆传统村落民居陈设方面主要以壁龛为主，有的是木雕结构，工艺精湛，大部分家庭是土坯墙体砌筑时立面凹进而形成。室内陈设主要表现在器物方面，如影片中壁龛上放置的铜质茶壶、印有鲜花装饰图案的白色瓷盘、小木箱、墙面挂毯等，这些陈设品本身具有独立的审美特性，并且与周围环境存在着一定的关联，使得原本拙朴的场所具有较强的生活气息和审美特征。②地域的个性，由本来那个地域所具有的风土人情与历史文化等要素构成。风土人情主要包括气象条件和土地条件，当地民众的思维方式和建筑的表现形式。新疆传统村落中的民居营造材料所反映出的色彩，与周围环境融为一体，强烈地感受到其地域独特性的气氛。

不难看出，这些极具地域特色的传统村落景观是该地域各种自然、生态、人文等要素积累、沉淀，最终塑造完成，经过岁月的洗礼而保存至今的。同时，可以肯定这些传统村落景观是自然环境和生活在这些地方的民众对场所精神的诗意表达。

---

① 李群. 解析麻扎村生土民居的空间形态 [J]. 装饰, 2008（04）: 141-144.
② 同上。

第三节 新疆传统村落景观整治设计模型的实施方略

传统村落景观整治设计，需要以科学理论为基础，田野调查为前提，国家方针政策为指引，进而建构多维立体的景观整治设计模型。务必明确的是，传统村落景观整治设计，重在梳理与修复，旨在传承传统人居文化思想，重拾乡土精神，实现长治久安与构建和谐社会。

一、夯实调研基础

随着人类学的传入和发展，田野调查在我国社会科学研究中逐渐被重视起来。费孝通的《江村经济》作为乡村社会研究的重要著作，引导社会学者在进行科学研究时，必须求真务实，实事求是地做学问。"没有调查，就没有发言权"、"实践是检验真理的唯一标准"是国家独立、建设、改革和发展的重要法宝，对于科学研究同样适用。只有通过大量的实地调研，才能够清晰准确地了解和理解乡土社会，找到发展过程中存在的问题，科学分析，才能够找到解决问题的良策，进而为改革和发展提供决策建议，而不是靠拍脑袋制定方案，蹩脚地解决问题。

（一）访谈式调研

首先，新疆地域辽阔，人口密度相对较低，分布不均衡，村庄与村庄之间相隔数公里，县与县间隔上百公里的情况不在少数。村庄之间的交往比较少，造成很多传统村落之间信息相对比较闭塞，才有民丰县萨勒吾则克乡喀帕克阿斯干村和尉犁县罗布人村这类既独立而又特色显著的传统村落存在。

其次，虽然该地区民众属于当地世居族群，但是与主体民族的各个方面也存在一定的差异。访谈式调研的意义在于能够直接而深入地了解当地民众的实际需求，进而把握其合理诉求。通过深入访谈，更能够从他们的生产生活方式中，管窥出在生存环境恶劣、生产力水平极低的情况下，民众的生活行为与方式，精神世界，进而准确地回溯历史，获取史料记载之外的新知。

最后，访谈式调研的难度相对较大，工作强度亦是如此。调研结果对于整个新疆传统村落景观整治设计来说不具备普遍适用性，但是对于受访者所在的村落来说，具有较强的代表性和存在特性，在传统村落景观风貌特色塑造和人性化发展方面就显得尤为重要。

（二）大数据调研

大数据调研，能够跨越时间和地域的限制，具有涉及面大，信息来源广泛，不受行业限制，调研结果具有多方面参考价值的优势。因访谈式调研信息获取渠道比较狭窄，调研数据的量有所限制，其结果不完全具备普遍性和通用性，而大数据调研却能够弥补这一不足。

在研究过程中，先后设计了两套调研问卷，分别是针对南疆地区世居民众传统村落景观整治和新疆传统村落景观文化的问卷，并运用问卷星对其进行发放。从受访者来源地看，既有新疆本地不同城市和地区的参与者，又有全国各地其他省份的参与者。从受访者与当地的关系来看，本地乡民、城市务工者、个体从业者、当地干部、驻村干部、人民教师、疆内游客、疆外游客、内地高校的新疆籍大学生等。他们对新疆传统村落景观发展的现状、对村落景观整治设计的路径与方法都有自己的认知和价值判断。

（三）体验式调研

"从群众中来，到群众中去"是做好群众工作的方针与方法。通过历次实践，都证明了群众工作是任何工作和发展的重要基础。在我国，农民是人民群众的主体，占有较大比例。农业是我国国民经济的基础，而农民是农业发展的具体亲身实践者。因此，尊重和重视农业与农村发展，实施乡村振兴战略和建设美丽乡村是国家的重要战略和举措。

多年来，我们的部分科学研究还停留于实验室、书本，或者是宽泛而简单的调研，致使很多研究成果与客观实际不相符合，在具体实践过程中出现偏差，导致结果差强人意。毕竟访谈与大数据问卷调研都是研究者自我设定提纲和问题，而且难以与受访者进行敞开心扉地交流。在进行传统村落景观整治时，仅仅采用访谈式调研和大数据调研还不够，还需要进行深度体验式调研。

体验式调研的具体操作在于日积月累，而不是程式化的去几次就可以，是要住在村民家中或驻扎在村落中。既要观察一天中不同时刻村落民众的具体生产方式与行为状态，还要注重对不同季节的观察，更要花几年时间不间断地走访、观察、体验。当然，这种调研效果是前两种调研难以企及的。事实上，本研究团队自2005年至今，一直在做此项工作，可能这与主要研究者都出生于农村，对乡土有着别样的情愫有主要关系。

乡土，即乡民之故土。科学发展不是空话，深度调研重在体验。只有深入到乡村中去，与他们同吃同住同劳动，在生产生活观察、体验、感悟，才能够得到最真实地信息。在传统村落中，村落景观具有很强的自我更新能力。随着四季更迭和时光流逝，人为景观可能在不断地发生蜕变，人工痕迹逐渐褪却，自然景致不断生成。在这一变化过程中，有民众调整、适应、修葺的外力作用，也有植被景观受风霜雨露、春华秋实和自然天成的结果。对于传统村落景观整治设计，一定要换位思考，深度体验，只有如此，才能够得到预料之外的结果。

（四）调研分析与梳理

对于新疆传统村落景观整治设计的调研分析，需要采用先分析、再梳理、后整合的方式进行。毕竟面对大量的调研资料，在前期经验积累和价值判断的基础上对调研资料进行定性诊断、判定，梳理后再进行具体分析。再对大数据调查问卷收集的信息运用SPSS软件进行交叉分析，严格把握变量之间的关系与分析结果，并进行综合判断。最后根据项目研究需求和重点进行综合，进而得出相对科学合理的调研结果。

总体来说，随着调研方式的多样和大数据分析

的发展，采用数据量化的方式对传统村落景观整治设计具有进一步的实证效果。但是作为构成传统村落景观文化的基本单元，代表着乡村的传统文化与地域特色，更是新时期美丽乡村建设事业成果的全方位展示，仍然需要坚持相关方针政策，才能实现乡村的科学发展。

二、坚持"两观三性"原则

吴良镛院士提出的"人居环境科学"是综合而庞大的一门学科体系。其中以"建筑—地景—城市规划"三位一体，构成人居环境科学的大系统中的"主导专业"。何镜堂院士在继承和发扬人居环境科学理论的基础上，结合多年设计实践经验，提出了建筑创作"两观三性"理论。新疆地域辽阔、文化多样、特色显著，研究团队结合在新疆进行多年人居环境设计教学、实践和研究的基础上，认为"两观三性"创作论作为新疆传统村落景观整治设计实践指导原则比较符合新疆实际。

（一）科学发展观原则

建筑的可持续发展是一个整体的概念，贯穿在建筑的全过程中，包括对自然环境的保护和生态平衡、建筑空间和资源的有效利用、节能技术、集约化设计、建筑文化的传承和发展、建筑全寿命周期的投入和效益等各个环节。[①]

我国是一个人口大国，又是一个资源相对贫乏的国家，在当今不可逆转的城市化进程中，城市环境污染、资源耗费、文化缺失带来的一系列城市病，不但严重制约了经济发展，而且付出了沉重的代价。为促进我国城市的可持续发展，城市规划

---

① 何镜堂. 现代建筑创作理念、思维与素养 [J]. 南方建筑，2008（1）：6-11.

和建筑设计要结合国情，当前特别要注意倡导生态优先原则，保护自然生态环境，节约资源，特别要贯彻节地、节水、节能、节材的理念，在应用和发展节能、低碳环保新技术的同时，更多注重当地适宜技术的挖掘和应用。建筑创作要因时因地制宜，重视空间的集约利用，不追求"高、大、全"；重视文化的传承，延伸优秀历史文化的内涵和特色，走资源节约型、环境友好型、有中国文化特色的发展道路。[①]新疆地处西北干旱欠发达地区，生态环境脆弱。在进行传统村落景观整治设计过程中，更应该考虑可持续发展，尤其要重视民居建筑景观的可持续发展。新疆传统村落中的植物景观相对单一，景观品质不强，植物景观自我修复与更新较慢。民居建筑景观是新疆传统村落景观的主体，在白雪皑皑的漫长冬季，村落的主要景观效果主要依赖民居建筑形态进行呈现。坚持可持续发展是新疆传统村落景观发展的首要前提和重要原则。

（二）整体观原则

何镜堂院士认为整体观的核心是和谐与统一。[②]一个优秀的建筑设计，从本质上讲就是要处理好设计对象中各影响因素的对立统一关系。统一并非简单的同一，而是在统一中求变化，既突出主题，并加以提炼和概括，形成韵律和秩序逻辑，又结合具体环境和条件，"和而不同"，在和谐中做到丰富多彩。此外还应注意细部的设计，使整体风格特征从总体到局部得以延伸，使设计更趋完美。[③]

建筑的整体观一直是何静堂院士从事建筑创作首先遵循的理念和思维方法。建筑的整体观既是一种设计理念和思想，也是一种规划设计的方法。建筑实施的全过程，就是一个持续整体化与综合的过程，需要每一部门、每一个环节协同配合，服从整体，才能实现预期的目标。[④]建筑之外的场地空间是建筑空间与形态样式的演绎与生成。对于传统村落景观整治设计项目来说，众多民居建筑与周围空间场地是构成村落景观文化的重要组成部分，更应该注重村落整体风貌与细部设计的整体把控，进而达到和谐统一的景观风貌。

（三）地域性原则

建筑是地区的产物，世界上没有抽象的建筑，只有具体的、地区的建筑。

① 何镜堂. 基于"两观三性"的建筑创作理论与实践 [J]. 华南理工大学学报（自然科学版），2012, 40（10）: 12-19.
② 华南理工大学建筑设计研究院. 何镜堂建筑创作 [M]. 广州：华南理工大学出版社，2010.
③ 何镜堂. 现代建筑创作理念、思维与素养 [J]. 南方建筑，2008（1）: 6-11.
④ 何镜堂. 基于"两观三性"的建筑创作理论与实践 [J]. 华南理工大学学报（自然科学版），2012, 40（10）: 12-19.

优秀的建筑总是扎根于具体的环境之中，与当地的社会、经济、人文等因素相适应，与所在地区的地理气候、具体的地形地貌和城市环境相融合。[①]

从环境的角度，建筑的地域性，首先受区域地理气候的影响，不同的纬度和地形形成不同的气候环境。就具体的环境而言，建筑所在地段的地形、地貌条件和建筑周边的城市环境以及当地的建筑材料和技术，都是具体影响和制约建筑空间形态和平剖面设计的重要因素。建筑师要尊重生态环境，顺应自然地形、地貌的特点，与地段环境融为一体，创造宜居的人居环境。同时，从城市规划的角度，建筑设计要尊重城市和地段已形成的整体布局和肌理，尊重建筑与自然的关系。此外还要重视地方材料和技术的应用，做出正确定位，在体型、体量、空间布局、建筑形式乃至材料和色彩等方面下功夫，结合功能整合、优选，才有可能创作出既有地域特色又与环境和谐的建筑。[②]从文化的角度，建筑的地域性还表现在地区的历史、文脉中，这是一个民族、一个地区人们长期生活积淀的历史文化传统。建筑师应在地区的传统中寻根、发掘有益的"基因"，并与现代科技、文化密切结合，表达时代精神，使现代建筑地域化、地区建筑现代化，这是建筑师真正广阔的创作空间，是建筑师取之不尽的源泉。[③]

近年来，建筑学界的几位著名建筑师均受过新疆地域建筑文化的滋养。中国工程院王小东院士在新疆建筑科学研究院工作期间，长期坚持对新疆地域建筑文化的研究，在建筑创作领域取得了重要成就。尤其是乌鲁木齐国际大巴扎建筑群的布局和形态构成上遵循了新疆世居族群建筑灵活多变的功能布局，内部空间与外部形态完美结合，单体之间相映成趣，创造出丰富的灰空间，具有强烈的雕塑感。以具有民族地域色彩的黏土耐火砖磨砖对缝来进行细部设计和统一色调，具有现代感的玻璃窗户嵌入墙体而点缀其间，与周围的建筑景观达到了一种共生效果。2012年普利兹克奖获得者王澍教授出生于并成长于乌鲁木齐，青少年时期的经历和积累，也影响着他从事建筑创作的思想轨迹。同时，西安建筑科技大学刘克成教授，在建筑创作实践和理论研究方面取得了诸多成果，在学界产生了重要影响。新疆地域的独特魅力，影响着两千多万生活在新疆的中华儿女。刘教授曾经用"一辈子你一定要见过几样大的东西。你或者要见过大海、大山、大漠、大森林，大土地。不管哪种大，你只要见过，你对世界的理解就会不一样。我们在新疆生活的人呢，比较幸运的就是那个地方能够见到大漠、大山。"对其进行了精辟概括。[④]

（四）文化性原则

建筑具有物质和精神的双重属性。建筑作为一种文化形态，它反映其本身在满足使用功能需求的同时所体现的人类生活方式和价值取向。[⑤]建筑具体的体型、空间及其室内外细部构成建筑的整体，表达出建筑的特征、风格和精神内涵。一座优秀的建筑，其精神内涵的作用常常超越本身的功能，大凡精品，都能传译一定的精神内涵，是有很高文化品位的建筑。[⑥]通常情况下，传统村落民居建筑的文化性是对一座优秀传统村落景观文化相关特点和品质的最高概括。

从人文的角度，建筑作为一种文化载体，它是人类文化大体系中一个重要组成部分。任何国家、任何民族文化的传承和发展都是在原有文化的基础上通

① 何镜堂. 我的思想和实践 [J]. 城市环境设计, 2004 (2): 36-43.
② 何镜堂. 建筑创作与建筑师素养 [J]. 建筑学报, 2002 (9): 16-18.
③ 何镜堂. 我的思想和实践 [J]. 城市环境设计, 2004 (2): 36-43.
④ https://www.sohu.com/a/208830146_167180.
⑤ 何镜堂. 我的思想和实践 [J]. 城市环境设计, 2004 (2): 36-43.
⑥ 何镜堂. 文化传承与建筑创新 [J]. 时代建筑, 2012 (2): 126-129.

行的，如果离开了传统，断绝血脉就会迷失方向，丧失根本。传承优秀的文化遗产，在吸收传统文化精华的基础上，不断增强原创的能力，努力创作有地域特色和中国文化精髓的现代建筑，是当代建筑师的历史责任。不同类型的建筑，常常表现出不同的基本性格。不同建筑类型有各自的基本文化性格和精神特征，这是因为不同的使用功能，带来建筑在空间、布局及室内外环境需求上的变化。在这方面，建筑师在创作过程中应有一个基本的认识和文化表达的意向，而并非各行其是，无章可循。但建筑又受各种复杂因素的影响，不同的文化观、美学观、价值观，不同的地域差异以及具体环境、技术条件等都会对其产生影响。众多的影响因素使得即便是同一类型的建筑，也会形成各自的特色。在一个多元的社会中，建筑文化必然多元化发展。[①]从新疆传统村落景观整治设计的角度看，设计首先要融合村落整体景观风貌和自然环境，无论是公共环境景观还是庭院空间景观，都要满足使用的要求。同时要有清晰的文化定位，而设计中所采用的设计语言和表达方式，因时间、地点、条件和文化的差异和变化，所形成的村落景观形式和风格常常多元统一。

（五）时代性原则

建筑是一个时代的写照，是社会经济、科技、文化的综合反映。随着信息时代的来临，建筑创作领域的审美观和价值观也在发生着深刻的变化。新的设计观念、新的思维方式和技术手段使建筑创作进入了一个崭新的时代。随着当代建筑学与其他学科的交叉渗透，诸如生态学、拓扑几何学以及参数化设计等新的观念和手段被引入建筑创作中，极大地拓展了建筑语言的范畴。[②]对于乡土景观设计师

来说，应该像城市规划师和建筑师一样，要积极地了解学科新的动向和发展，不断扩大和充实知识面。同时也要有分析的眼光，汲取精华，充实自己的设计，以创新的思想适应时代发展带来的变化和要求。保护人类赖以生存的自然环境，有效利用资源，发展节能环保技术，创建宜居的人居环境已成为当今社会共同关注和遵循的原则。在新疆传统村落景观整治设计过程中，必须重视人居环境的建设，在设计中注意节约资源，贯彻生态优先的原则，保护好环境，使人与自然和谐，科技与人文同步，进而可持续发展。

当今世界的发展正走向文化趋同，它体现了现代科技的发展和地区界限的打破，但并不等于要抛弃特色，不等于要抹杀传统和地域文化。传统作为稳定社会发展和生存的前提条件，只有不断地创新才能显示其巨大的生命力。没有传统的文化是没有根基的文化，不善于继承，就没有创新的基础，而离开创新，就缺乏继承的动力，会使我们陷入保守和复古。[③]推动文化的发展，基础是继承，关键是创新。创作具有浓郁地域和时代特色的传统村落景观，要处理好时代精神与弘扬传统村落景观文化的关系。继承传统并非在新景观上拼贴传统符号或部分构件的复制，而是吸收传统文化的内涵，寻求与现代思想与技术的结合。

建筑的地域性、文化性、时代性是一个整体的概念，是整体观和可持续发展观的具体化和深入化。地域性是建筑赖以生存的根基，文化性是建筑的内涵和品位，时代性体现建筑的精神和发展。三者又是相辅相成，不可分割的，地域性本身就包括地区的人文文化、地域环境和时代特征，文化性是地区传统文化和时代精神的融合和升华，时代性正是地域特性、传统文脉与现代科技文化的综合和发

① 何镜堂. 基于"两观三性"的建筑创作理论与实践 [J]. 华南理工大学学报（自然科学版），2012，40（10）：12-19.
② 同上.
③ 何镜堂. 文化传承与建筑创新 [J]. 时代建筑，2012（2）：126-129.

展。①笔者在天山南北和川西高原进行建筑与景观设计实践时，同样师承和运用"两观三性"建筑观。如在设计昌吉市中山路街头小游园景观时，充分考虑项目所在的昌吉市为州府所在地，并且该地块位于老城区的回族同胞聚居区。为了尽量尊重场地，满足公众对原有场地的记忆和归属感，最大限度地从形态构成元素、材质肌理情感、色彩语言意象等方面进行综合把握，从而使地域性、民族性和文化性达到高度统一。②

综上所述，社会的发展到了今天的时代，正确地认识世界和改造世界的责任，已经历史地落在当代青年的肩上。改造自己的认识能力，改造主观世界同客观世界的关系。通过实践而发现真理，又通过实践而证实真理和发展的真理。能动地认知新疆传统村落景观整治设计实践与实践反思的价值意义；鲜活地体验可持续发展观对传统村落未来社会的永续价值。③从而达到以艺术之剑解哲学之谜，设计实践服务大众之功效，更好地将传承与创新进行有机转化，进而融合再生，让新疆传统村落景观整治设计实践更具优秀价值。

三、制定整治策略

传统村落景观整治是在美丽乡村建设和城乡协调发展大背景下，以农村人居环境改善和品质提升为主题的重要举措。地域特征鲜明的新疆地区，基于传统村落景观文化生态保护的乡村景观整治是"留住乡愁"的重要手段。制定具有指导意义的优化合理的整治策略尤为重要。

（一）政策引导，自主发展

2019年中央一号文件提出，深入学习推广浙江"千村示范、万村整治"工程经验，全面推开以农村垃圾污水治理、厕所革命和村容村貌提升为重点的农村人居环境整治。"千村示范、万村整治"工程持续实施，造就了浙江万千美丽乡村，人居环境领跑全国，成为浙江的一张金名片。

传统村落作为构成中国乡土社会的细胞，有其强烈的自我更新功能。这种功能的存在，有自然风土的作用，还有生活在村落中的人民的力量。浙江模式的最大成功在于当地政府与相关部门坚持政策引导，村落自主发展。具体表现

---

① 何镜堂. 文化传承与建筑创新 [J]. 时代建筑，2012（2）：126-129.
② Xiaodong Wang.Cost and Value: Based on "Theory of practice" design criticism behavior [M]. Advances in Social Science, Education and Humanities Research, Atlantis Press, volume 435: 67.
③ 同上。

为建立政府主导、村庄参与、社会支持的投入机制，为环境整治提供坚实的资金保障。统筹各级各方资源，创新投资融资机制，增强资金投入能力，发挥好政府投资的撬动、带动作用，鼓励和支持社会力量采取捐资、投资、合作保护等方式参与农村人居环境提升。积极推进乡村产业振兴，按照"谁受益、谁付费"的原则，尝试将住户付费相关模式纳入村规民约，弥补保洁资金不足。[①]以上举措为传统村落的可持续发展提供了可靠保障。

（二）乡贤主导，率先垂范

乡贤是由"乡"和"贤"所构成的，即乡村贤德之人。乡贤首先要具备地域性，是本乡本土之人，有浓厚的乡情，对故土有责任感和归属感；其次必须是贤能的人，有才有德且有公心，是各行各业的佼佼者，并得到各方面的公认。在中国传统社会，民间有"皇权不下县"的说法，农村基层长期实行乡村自治，乡贤是乡村自治的主导者，这种治理模式成本低、效果好，体现出古人的政治智慧。新时代建设新农村，应该大力弘扬有益于当代的乡贤文化，创造条件让那些远离故土的乡贤们"返场"。[②]

中国古人对乡贤群体历来十分看中，《礼记》说"大道之行也，天下为公，选贤与能，讲信修睦"，认为贤能的人对治国理政十分重要，《墨子》也说"大人之务，将在于众贤而已。故古者圣王之为政，列德而尚贤。虽在农与工肆之人，有能则举之"。近代以来，受帝国主义侵略以及西方文化输入的影响，中国基层乡村出现了巨大变革，由传统农耕社会逐渐向城乡二元化方向发展，农村不断衰落，危机逐渐累加，乡村人才大量向城市流动，以往产生和积淀乡村精英的循环模式中断，加之乡村社会矛盾越来越多，致使不少劣绅充斥于乡间，乡贤文化逐渐暗淡下来。然而，只有"在场"的乡贤才是纯粹意义上的乡贤，乡贤只有生活在乡土，与乡人朝夕相处，才能结成深厚的乡情，他们身上的品德力量才能潜移默化地感染其他人。在农村日益出现"空心化"的情况下，建设新农村最大的障碍不是资金而是人。从经验看，精英缺失容易导致地痞、流氓、恶霸等黑恶势力的兴起，所以应鼓励乡贤"返场"，实地参与美丽乡村建设和乡村治理。[③]

对于大部分"在场"的乡贤来说，名利对于他们来说已成为过去式，基于对乡土的热爱和责任，他们率先垂范，乐于奉献，有的甚至愿意做出一定的牺牲。在儒家文化盛行多年的中国乡土社会，在民风淳朴的西域戈壁，耕读传家与乡贤

① 浙江省统计局课题组，胡永芳，高淑媛."千万工程"催生乡村蝶变整治提升寄予村民厚望——浙江省人居环境整治调研报告［J］.统计科学与实践，2019（09）：37-40.
② 陈忠海.乡贤与乡村治理［J］.中国发展观察，2018（08）：62-63+59.
③ 陈忠海.乡贤与乡村治理［J］.中国发展观察，2018（08）：62-63+59.

反哺是传统村落可持续发展的重要压舱石，乡贤的阅历、知识、审美与境界，能够积极有效地引导乡村又好又快地发展。

（三）风貌统一，公私得当

"穷则独善其身，达则兼济天下。"对于生活在传统村落中的民众来说，大部分过着自给自足的生活，是独善其身的具体表现之一。但是正因为大部分民众都抱着"闲事少管，走路伸展"、"各人自扫门前雪"的自我观念，很少有公共场域与共享空间意识。

从中国传统村落名录中，不难发现很多村落是聚族而居的家族式村落，同姓家族独立成村或几家家族聚族而居。这些宗族式传统村落虽然没有专门的职业规划师，但在营造村落时，认真汲取了中国优秀传统文化中的天人智慧，具有强烈的趋吉避害特质。如徽州、江南、客家等地的传统村落中，具有明显的规划意识。从传统村落景观风貌与原始格局能够感受到在营造之初的整体意识，具有全村一盘棋的感官表征。作为棋子功能的民居庭院，经过多年的发展，布局、体量、形态、风貌都有不同程度地演变。民居庭院外部空间形态作为连接私人庭院和公共空间的媒介，同时又是村落外部景观风貌的重要组成部分。民众需要具有大局意识和整体观念，在精雕细琢庭院内部景观时，有必要考虑与整个村落风貌的融合度，还需要具有共享意识，"小我"与"大我"二者平衡，才能够塑造好庭院与公共景观，使村落景观总体上呈现出和而不同，特色显著的景观意象。

（四）重视节点，传承创新

凯文·林奇（Kevin Lynch）认为，"节点是城市中观察者能够由此进入的，具有战略意义的点，是人们往来行程的集中焦点。"依据考古发现，古往今来，大部分有历史感的城市都是继村落发展而来，只是随着各方的不同需求，在发展的过程中不断地增加其功能，并赋予其意义。但是能够发展壮大成像深圳一样的村落毕竟是少数，而发展成为集镇的传统村落则数量庞大，遍及全国。对于一般的乡土社会来说，民众一生都很少离开家园与村落。"穷在城市无人问，富在深山有远亲。"道出了人作为社会之人，无论在城市和乡村，都会与周围环境发生着千丝万缕的关系，而财富与地位决定了他的社会关系与被认可度。

对于新疆传统村落来说，所处的自然地理环境，难以孕育出像江南一样的传统村落风貌，但可以根据各地实际情况营造符合地域的人居环境景观。如伊犁有塞外江南之美誉，新源县巩乃斯河流域的地理环境与徽州相似度很高。调研发现，新疆广大乡村经过多年的发展，基础设施建设已基本完成，村民文化活动中心是村两委办公场所所在地，场地建有村民文化活动广场和景观设施，从规模与体量上都能够满足村民日常生活与休憩。村落入口、道路交叉口、水塔等是村落中具有历史感和标志性场地与设施，具有景观节点的重要功能，影响着生活在村落中的历代民众。在诊断、评估的基础上，对其进行整治与创新，提高人居环境品质，进而增强民众对家园的认同感和归属感。

四、创新实施路径

创新不完全等于创造，尤其是对于传统村落景观来说，创新更不是标新立异。创新是立足于现实，在实事求的基础上，运用唯物主义辩证法进行指导，在遵守各种规章制度和礼俗文化的前提下进行的继承式创新。

（一）充分构思，制定方案

一般来说，传统村落都具有一定的历史感和

文化性。对于新疆传统村落来说，独特的地理文化特征是其存在的主要影响与生成因素。与南方地区传统村落景观相比，新疆冬季漫长，天寒地冻，万里冰封，没有江南乡村景观存在的客观自然环境，将浙江、福建、安徽等省的传统村落景观整治经验直接运用难免水土不服，需要依据新疆实际，新疆不同地区的特征，制定切实可行的整治方案。

因地理环境的差异，整治方案存在一定的差异性，对整治构思过程中的各个环节就必须进行有效把控。首先，必须把握新疆干旱少雨，冬季大雪覆盖这个客观现实，如何创造与生成适宜于冬季观赏的季节性景观值得考虑。其次，发展庭院经济是南疆欠发达地区的重要举措，对于改善庭院微景观和微气候具有重要作用，如何活化标准化与程式化的门廊与葡萄藤架，也需要深思。最后，一些学者提出的"城市野草之美"是否符合新疆实际，在村落公共空间景观或村落边界外部空间能够作为一种衔接与过渡，让传统村落景观较好地与生产性农田景观进行必要融合。

（二）深入调研，实事求是

调研，即调查研究，是设计实践的重要环节，决定项目成败的关键环节之一。针对传统村落景观整治设计调研的种类、方法，前文有所涉及，在此不再赘述，而主要对在调研过程中发现的未曾预先考虑和存在的漏洞进行说明。

将"实事求是，求真务实"的核心精神通过"望、闻、问、切"的方式运用到传统村落景观整治中，能够准确发现，并有效合理地解决主要矛盾。首先，不同的村落中的民众生活在不同的地域，有着不同的世界观和价值观，对传统村落景观整治工作的认识维度和价值判断存在着一定的差异。其次，乡村民众更加的务实，不喜欢喊口号，更愿意脚踏实地地解决生产生活中的现实问题和主

要问题。最后，新疆大部分传统村落中有相对集中的道路、街巷和文化活动中心，这是与他们日常生活经常发生密切关系的场地，庭院更是如此，时刻与之相关。可以说，传统村落景观整治是美丽乡村建设事业的实践化、具体化、深入化，是一项具有普惠性质的福利事业。

对于传统村落景观整治工作，民众从内心认可，定会矢志不渝地支持这项工作。相应地，通过广泛而深入地调研实践，政府和研究团队更能够清楚村落民众的真实需求。如果尊重和运用好深度调研机会，一定能够获取新知，并查漏补缺，更好地进行整治设计实践。

（三）概念设计，元素支撑

概念，即概括性理念，具有绝对精神属性。对于传统村落来说，概念是广大民众精神诉求的集合体，即村落的内核，具有很强的精神统领性。传统村落的概念并不是无根之木、无水之源，一定具有历史渊源，是广大乡民在继承传统的基础上，在不断生产生活实践中，在不断的总结与反思之后凝结而成。但是作为绝对精神的概念，必须要通过物质载体，才能够对其进行有效传递。

对于传统村落景观来说，村落中的各种物质载体即村落景观的重要组成元素。如何合理有效地将概念精准地附着于景观元素之上，那就需要依靠设计。设计作为一种媒介功能、赋能方式和实现路径，运用归纳与演绎的手法，让景观元素具有精神性，并作为概念的有效支撑。对于传统村落景观整治设计来说，概念准确，元素丰富，设计合理，民众认同是判定设计优劣的重要标准。

（四）外师造化，中得心源

尽管新疆不同地域的自然地理环境反差大，但其包容性极强。随着"一带一路"倡议的广泛

深入与推进，新疆已成为新丝路的中国核心区。丝路沿线景观文化成为丝路文化传播的主要内容之一。多年来，大部分新疆传统村落的发展情况不容乐观。调研发现，部分民众只注重自家庭院的建设和发展，对庭院外部空间和公共空间的风貌与品质不重视，因村集体资金有限，难以对其进行整体性改造。乘当前美丽乡村建设的东风，国家和各级政府筹措专项经费，为乡村人居环境品质得到有效提升，传统村落景观文化得到有效保护与传承提供重要支持和保障。笔者认为在多种背景交织之下的新疆传统村落景观整治，必须运用"中医式"的研究方法与整治方式，才能够标本兼治，进而达到"外师造化，中得心源"的效果。

综上所述，新疆传统村落景观整治，不依靠政府相关部门和设计研究机构的支持难以实现，不依据科学合理的景观整治模型，制定符合实际的景观整治优化方案更是无从谈起。新疆作为"一带一路"的重要节点，作为新丝路的中国核心区和桥头堡，务必重视传统村落景观整治工作。在运营模式化与设计均质化的当下，为了让传统村落景观文化保持其本真与特质，务必要有古代边塞诗人忧国忧民的忠心，文人雅士寄情山水的情怀，当地民众朴实无华的内心，坚持"两观三性"原则，运用"外师造化，中得心源"的设计方式，建构"标本兼治"的整治设计模式，让地域文化特色明显的新疆传统村落景观重获新生，绘制看得见山，望得见水，留得住乡愁的丝路新疆美丽图卷。

经过较长时间的研究和实践，具备一定的文献阅读和经验积累，对本课题研究的前期准备比较有信心。在项目研究期间，能够很好地与团队有效沟通，并且将学习与研究所积累的相关理论和研究方法运用到项目中去。毕竟，前人的研究主要集中在建筑学和设计学领域，运用多学科交叉方法对新疆传统村落文化进行研究的成果相对较少。对于本研究来说，这既是机遇，也是挑战。通过本研究，一方面能够为保护这些传统村落景观做一些基础性的资料搜集、理论研究，为将来保护和修缮工作的开展提供条件；另一方面，在保护的同时，如何对传统村落加以再利用，并结合乡村振兴战略和美丽乡村建设事业的实际，使新疆的地域文化得以延续和发展，是本土设计师所要面对和思考的现实问题。

首先，通过对已有文献的梳理，发现新疆历史源远流长，人居环境的历史存在也是随着当地社会的发展而不断变迁。对新疆传统村落和民居建筑研究的学科主要集中在建筑、规划、设计等领域。相关研究学者主要集中在建筑与艺术院校，西安建筑科技大学、新疆大学和新疆师范大学研究团队理论和实践研究成果丰硕，为传统村落的传承与保护作出了重要贡献。

其次，在大量田野实践的基础上，对新疆16个传统村落的景观文化相关资料进行搜集、比较、分析、统计。将传统村落景观按照类型学方法对村落的景观要素分为整体风貌、景观格局、村落边界、节点景观、标志性景观、建筑形制、建筑装饰艺术、公共环境景观和庭院空间景观九种类型进行实证研究。

再次，运用类型学和大数据统计法对传统村落进行研究，从图像、问卷、统计结果来看，基本达到了实证研究目的。毕竟传统村落景观文化是人类勤劳智慧的结晶，有着重要的人类学价值和意义。在深度体验和类型学比较分析的基础上，将中国传统文化相关理论和现象学理论有机结合，从概念和景观规划格局方面对传统村落景观整体风貌意象进行把握，对具体场地具备的场所精神和当代价值进行了有效分析和总结。

最后，从理论基础、建构基础、建构框架和实践案例等多方面对新疆传统村落景观整治设计模型展开了具体论述和阐释。

"书山有路勤为径，学海无涯苦作舟"，既是深入广大民众内心的名言警句，同时也是传统村落景观文化研究者学术生活的真实写照。在推陈出新的当代社会，对传统村落研究的视角、维度、理论、方法有很多，能够得出不同的结果。科学研究贵在创新，但是成功的背后肯定有无数次的失败。作为后学者，本着艺术与科学融通的思想，对新疆传统村落景观文化进行实证研究和文化挖掘，可能会有牵强研究之嫌，但是未尝不是一种大胆尝试。336位受访者的有效调研问卷和长期的实地体验式调研，为研究的顺利开展打下了良好基础，最终的统计数据和结果相对科学合理。因新疆传统村落本身具有得天独厚的条件和研究价值，研究从类型、特征、价值、整治设计模型建构与设计实践几方面进行，得出了有别于其他研究的结论。虽然研究在宏观层面和典型性方面做了比较全面地研究，但是笔者也深知，在和而不同的文化背景下，每一个传统村落都有其自身的背景、特征和意义。因此，研究的具体程度和深度还有待加强。

新疆传统村落景观有历史、有文化、有特色。随着我国美丽乡村建设事业的精准实施，在秉承"人居环境是艺术与科学相结合的产物"的思想基础上，坚持可持续发展观、整体观，民族性、地域性、时代性的原则下，对不同地区类型的传统村落景观进行再调研。将政府主导思想，民众基本诉求，村落本身的优势、劣势、挑战、机遇进行整合分析，将新疆传统村落的通时性和共识性，客观存在的过去、现在、未来的价值与意义进行理论与实践研究。假以时日，新疆传统村落终将成为当代新丝路中国核心区人居环境景观的典范。

参考文献

专著

[1] 费孝通. 乡土中国 [M]. 北京：人民文学出版社，2019.

[2] 吴良镛. 人居环境科学导论 [M]. 北京：中国建筑工业出版社，2001.

[3] 陈国强. 简明文化人类学词典 [M]. 杭州：浙江人民出版社，1990.

[4] 陈震东. 新疆民居 [M]. 北京：中国建筑工业出版社，2009.

[5] 文震亨. 长物志 [M]. 北京：金城出版社，2010.

[6] 李允鉌. 华夏意匠 [M]. 天津：天津大学出版社，2005.

[7] 李群，安达甄，梁梅. 新疆生土民居 [M]. 北京：中国建筑工业出版社，2014.

[8] 常青. 西域文明与华夏建筑的变迁 [M]. 长沙：湖南教育出版社，1992.

[9] 任一飞，安瓦尔. 新疆地区与祖国内地 [M]. 北京：中国社会科学出版社，1980.

[10] 高占祥. 论村落文化 [M]. 郑州：河南人民出版社，1994.

[11] 刘沛林. 古村落：和谐的人聚空间 [M]. 上海：上海三联书店，1997.

[12] 陈志华，李秋香. 中国乡土建筑初探 [M]. 北京：清华大学出版社，2012.

[13] 张东. 中原地区传统村落空间形态研究 [M]. 北京：中国建筑工业出版社，2017.

[14] 梁思成. 中国建筑艺术 [M]. 北京：北京出版社，2016.

[15] 侯幼彬. 中国建筑美学 [M]. 北京：中国建筑工业出版社，2009.

[16] 彭一刚. 传统村镇聚落景观分析 [M]. 北京：中国建筑工业出版社，2018.

[17] 彭兆荣. 重建中国乡土景观 [M]. 北京：中国社会科学出版社，2018.

[18] 楼庆西. 中国古建筑二十讲 [M]. 北京：生活·读书·新知三联书店，2004.

[19] 中国科学院自然科学史研究所. 中国古代建筑技术史 [M]. 北京：科学出版社，1985.

[20] 王军. 西北民居 [M]. 北京：中国建筑工业出版社，2009.

[21] 林崇德，等. 中国成人教育百科全书（地理·环境）[M]. 海口：南海出版社，1994.

[22] 孙施文. 现代城市规划理论 [M]. 北京：中国建筑工业出版社，2007.

[23] 刘敦桢. 中国古代建筑史 [M]. 北京：中国建筑工业出版社，2005.

[24]（德）卡尔·马克思. 1844年经济学哲学手稿 [M]. 北京：人民出版社，2000.

[25]（美）阿摩斯·拉普卜特. 文化特性与建筑设计 [M]. 常青，张昕，张鹏，译. 北京：中国建筑工业出版社，2004.

[26] 朱启臻. 农业社会学 [M]. 北京：社会科学文献出版社，2009.

[27] 邓小平文选（第三卷）[M]. 北京：人民出版社，1993.

[28] 邓小平年谱：1975-1997 [M]. 北京：中央文献出版社，2004.

[29] 邬建国. 景观生态学——格局、过程、尺度与等级 [M]. 北京：高等教育出版社，2000.

［30］郑全全．社会认知心理学［M］．杭州：浙江教育出版社，2008.

［31］金其铭，董昕，张小林．乡村地理学［M］．南京：江苏教育出版社，1990.

［32］（日）安部健夫．西回鹘国史的研究［M］．乌鲁木齐：新疆人民出版社，1985.

［33］（美）凯文·林奇．城市意象［M］．方益萍，何晓军，译．北京：华夏出版社，2001.

［34］（挪威）诺伯舒兹．场所精神——迈向建筑现象学［M］．施植明译，武汉：华中科技大学出版社，2010.

［35］阿尔多·罗西．城市建筑学［M］．北京：中国建筑工业出版社，2006.

［36］（日）滕井明．聚落探访［M］．宁晶，译，北京：中国建筑工业出版社，2003.

［37］（挪威）诺伯舒兹．存在·空间·建筑［M］．尹培桐，译．北京：中国建筑工业出版社，1990.

［38］（美）阿摩斯·拉普卜特．宅形与文化［M］．常青，等译，北京：中国建筑工业出版社，2007.

［39］（美）弗兰姆普敦．建构文化研究：论19世纪和20世纪建筑中的建造诗学［M］．王骏阳，译．北京：中国建筑工业出版社，2007.

［40］（英）布莱恩·劳森．空间的语言［M］．杨青娟，等译．北京：中国建筑工业出版社，2003.

报纸文献

［1］中共中央国务院关于实施乡村振兴战略的意见［N］．人民日报，2018-02-05.

［2］中共中央国务院印发《乡村振兴战略规划（2018—2022年）》［N］．人民日报，2018-09-27.

［3］（哈萨克斯坦）古丽娜尔·沙伊梅尔格诺娃．一带一路合作实现了共赢［N］．人民日报，2019-03-18.

［4］中华人民共和国国务院新闻办公室．新疆的若干历史问题［N］．人民日报，2019-07-22.

学位论文

［1］乌布里·买买提艾力．丝绸之路新疆段建筑研究［D］．北京：清华大学，2013.

［2］常鸿飞．基于BIM模式下的新疆维吾民居营建研究［D］．乌鲁木齐：新疆师范大学，2016.

［3］王庆庆．地域资源视角下新疆乡土聚落营造体系类型研究［D］．西安：西安建筑科技大学，2011.

［4］广西传统村落及建筑空间传承与更新研究［D］．重庆：重庆大学，2018.

［5］孙炜玮．基于浙江地区的乡村景观营建的整体方法研究［D］．杭州：浙江大学，2014.

［6］周心琴．城市化进程中乡村景观变迁研究［D］．南京：南京师范大学，2006.

［7］樊传庚．新疆文化遗产的保护与利用［D］．北京：中央民族大学，2005.

［8］唐玉华．新疆文物资源的保护［D］．上海：华东师范大学，2006.

［9］孙贝．中国传统聚落水环境的生态营造研究［D］．北京：中央美术学院，2016.

［10］孟立媛．冀南地区传统村落乡土景观特征研究［D］．天津：河北工业大学，2016．

［11］刘晓萌．安阳地区传统聚落与民居建筑研究［D］．郑州：郑州大学，2014．

［12］王建强．冀南地区传统村落改造与保护重建规划设计研究［D］．邯郸：河北工程大学，2015．

［13］王振锡．天山北坡森林景观特征研究［D］．乌鲁木齐：新疆农业大学，2003．

［14］沈卓娅．中国门文化特性的系统研究［D］．无锡：江南大学，2008．

［15］沈莉颖．城市居住区园林空间尺度研究［D］．北京：北京林业大学，2012．

［16］李海宏．冀南地区传统民居院落空间研究［D］．邯郸：河北工程大学，2018．

［17］吐尔地·卡尤木．维村社会的变迁［D］．北京：中央民族大学，2011．

［18］许英勤．塔里木河下游垦区绿洲景观格局研究［D］．乌鲁木齐：新疆农业大学，2004．

［19］池丛文．西方当代建筑设计手法剖析与研究［D］．杭州：浙江大学，2012．

［20］岳邦瑞．地域资源约束下的新疆绿洲聚落营造模式研究［D］．西安：西安建筑科技大学，2010．

［21］尹春然．乡土材料在地域建筑营造中的美学探析［D］．长春：东北师范大学，2016．

［22］陈梦梦．新农村建设背景下乡土文化在民宿设计中的运用［D］．杭州：浙江工业大学，2017．

［23］张晋石．乡村景观在风景园林规划与设计中的意义［D］．北京：北京林业大学，2006．

连续出版物

［1］方李莉．艺术人类学视野下的新艺术史观——以中国陶瓷史的研究为例［J］．民族艺术，2013（03）．

［2］朱贺琴．维吾尔族民居建筑中的文化生态［J］．新疆社会科学，2010（02）．

［3］孙志红，陈玉路，李雅莉．点亮"文化自信"之灯吹响"文化振兴"号角——新疆吐鲁番地区乡村民俗文化振兴与乡村振兴调研分析［J］．新疆社会科学，2018（05）．

［4］阿比古丽·尼亚孜，苏航．喀什老城维吾尔族传统民居空间结构的社会文化分析［J］．云南民族大学学报（哲学社会科学版），2017，34（03）．

［5］李勇．新疆维吾尔族民居装饰艺术［J］．民族艺术研究，2008（05）．

［6］李文浩．清代以来东疆地区汉民居聚落文化的形成及其影响［J］．甘肃社会科学，2012（02）．

［7］郭志静，孟福利．吐鲁番麻扎村葡萄晾房的文化景观特征、生态智慧研究［J］．贵州民族研究，2018，39（04）．

［8］侯钰荣，安沙舟．塔里木河干流景观格局的时空变化分析［J］．干旱区资源与环境，2010，24（03）．

［9］谢花林，刘黎明，李蕾．乡村景观规划设计的相关问题探讨［J］．中国园林，2003，19（3）．

［10］刘文锁．尼雅遗址历史地理考略［J］．中山大学学报（社会科学版），2002（01）．

[11] 阮秋荣. 试探尼雅遗址聚落形态 [J]. 西域研究, 1999（02）.

[12] 塞尔江·哈力克. 和田传统民居对尼雅古民居的传承与发展 [J]. 华中建筑, 2009, 27（02）.

[13] 吴宏岐. 新疆古代民族居住生活方式及其环境影响因素——以公元5-14世纪的吐鲁番地区为中心 [J]. 暨南史学, 2005（00）.

[14] 孟凡人. 论别失八里 [J]. 新疆社会科学, 1984（01）.

[15] 江五七, 郑斌. 马文化在旅游业中的深度开发研究——以黄海养马岛为例 [J] 农业考古, 2011（04）.

[16] 胡川晋, 王崇恩. 历史文化名村保护中的植被修复与景观设计——以太原市店头古村落为例 [J]. 太原理工大学学报, 2013, 44（02）.

[17] 王小冬. 干旱区地理环境特征对新疆城市景观的影响 [J]. 现代园艺, 2015（06）.

[18] 陈六汀. 古村落水环境探析与理想栖居创生 [J]. 饰, 2007（02）.

[19] 秦安华, 王淑华. 村落景观环境形象更新设计研究 [J]. 山西建筑, 2010, 36（32）.

[20] 罗岩, 等. 新疆内陆干旱区水资源的可持续利用 [J]. 冰川冻土, 2006（02）.

[21] 公彦庆. 果园土壤污染调查及修复改良 [J]. 环境与发展, 2019, 31（08）.

[22] 李斌, 张金屯. 黄土高原土壤景观格局特征分析 [J]. 环境科学与技术, 2005（03）.

[23] 姜逢清. 新疆绿洲当代人地关系紧张情势与缓解途径 [J]. 地理科学, 2003（02）.

[24] 何兴东, 等. 科尔沁沙地植物群落圆环状分布成因地统计学分析 [J]. 应用生态学报, 2004, 15（9）.

[25] 王海涛. 油蒿演替群落密度对土壤湿度和有机质空间异质性的响应 [J]. 植物生态学报, 2007, 31（6）.

[26] 王晶. 新疆准噶尔盆地典型荒漠区不同景观植被对土壤养分的影响 [J]. 中国沙漠, 2010, 30（06）.

[27] 王小冬. 新疆昌吉中山北路游园小型绿地设计 [J]. 农业科技与信息（现代园林）, 2015, 12（03）.

[28] 王国胜. 论传统乡村社会文化变迁与社会主义新农村建设 [J]. 农业考古, 2006（03）.

[29] 许安拓, 张立锋. 试论乡村振兴战略下农村生产方式变革与城镇化的关系 [J]. 财政科学, 2019（04）.

[30] 王军奎, 余敏. 村落景观格局规划原则探析 [J]. 平顶山工学院学报, 2008（05）.

[31] 雷祖康, 张宝庆. 基于GIS与肌理分析的天山北麓聚落类型分析 [J]. 南方建筑, 2019（01）.

[32] 岳邦瑞, 王庆庆, 侯全华. 人地关系视角下的吐鲁番麻扎村绿洲聚落形态研究 [J]. 经济地理, 2011, 31（08）.

[33] 孟福利. 新疆绿洲型历史文化村镇空间特征、类型及成因机制研究 [J]. 贵州民族研究, 2017, 38（01）.

[34] （美）杰里米·A·萨布罗夫, 温迪·阿什莫尔. 美国聚落考古学的历史与未来 [J]. 陈洪波, 译. 中原文物, 2005（04）.

［35］孙金荣. 山东省传统村落的文化意蕴与价值［J］. 农业考古，2018（06）.

［36］黄渭铭. 浅析老庄学派的养生思想［J］. 哈尔滨体院学报，1988（04）.

［37］张进. 论丝路审美文化的属性特征及其范式论意义［J］. 思想战线，2019，45（04）.

［38］常青. 风土建筑的现代意义——《宅形与文化》译序［J］. 时代建筑，2007（05）.

［39］李群. 解析麻扎村生土民居的空间形态［J］. 装饰，2008（04）.

［40］何镜堂. 现代建筑创作理念、思维与素养［J］. 南方建筑，2008（1）.

［41］何镜堂. 基于"两观三性"的建筑创作理论与实践［J］. 华南理工大学学报（自然科学版），2012，40（10）.

［42］何镜堂. 我的思想和实践［J］. 城市环境设计，2004（2）.

［43］何镜堂. 建筑创作与建筑师素养［J］. 建筑学报，2002（9）.

［44］何镜堂. 文化传承与建筑创新［J］. 时代建筑，2012（2）.

［45］浙江省统计局课题组，胡永芳，高淑媛. "千万工程"催生乡村蝶变 整治提升寄予村民厚望——浙江省人居环境整治调研报告［J］. 统计科学与实践，2019（09）.

［46］陈忠海. 乡贤与乡村治理［J］. 中国发展观察，2018（08）.